Méthode d'équitation basée sur de nouveaux principes

François Baucher

Alpha Editions

This edition published in 2022

ISBN : 9789357097949

Design and Setting By
Alpha Editions
www.alphaedis.com
Email - info@alphaedis.com

Contents

PRÉFACE

L'homme a reçu du Créateur une intelligence supérieure à celle des animaux, non pour les asservir à ses caprices et leur infliger des mauvais traitements, mais pour en recevoir tous les services qu'il est en droit de leur demander. Le cheval, ce noble animal, est peut-être celui dont l'homme a le plus abusé, et les moyens dont on s'est servi pour le soumettre trahissent l'ignorance autant que la brutalité. Dès ma jeunesse j'aimai le cheval, et, frappé de l'incertitude des principes énoncés par tous les auteurs qui ont écrit sur l'équitation, je cherchai à ouvrir une voie nouvelle et sûre à tous ceux qui s'occupent de l'éducation du cheval. En 1830 je fis paraître le *Dictionnaire raisonné d'équitation.* La faveur du public me récompensa de mes laborieuses recherches, et m'encouragea à persévérer dans mes efforts. Quelques années plus tard parut ma nouvelle Méthode, qui souleva dans le monde équestre, d'une part un grand enthousiasme, de la part de quelques-uns une critique passionnée trop passionnée pour être impartiale. Treize éditions se succédèrent en vingt-cinq ans, mes ouvrages furent traduits dans plusieurs langues, et partout les amateurs et les officiers intelligents adoptèrent mes principes. J'ai déjà dit les causes qui avaient empêché ma méthode d'être introduite dans la cavalerie française, malgré l'avis presque unanime de MM. les officiers consultés.

Que ma plume se taise sur ce triste passé!

Ma Méthode permettait de donner à tous les chevaux l'équilibre du deuxième genre, et les vingt-six chevaux que j'ai montés en public en ont été la preuve incontestable. Avec mes dernières innovations, je donne non-seulement une plus grande facilité pour obtenir sur tous les chevaux cet équilibre du deuxième genre, je donne encore les moyens infaillibles *d'obtenir chez tous les chevaux une légèreté constante*, signe d'un équilibre parfait. C'est cet équilibre que j'appelle équilibre du premier genre.

Le premier équilibre suffit à tous les besoins de la cavalerie et de l'équitation ordinaire.

L'équilibre parfait, ou équilibre du premier genre, ne pourra être donné au cheval que par l'élite des cavaliers. Ce sera l'équitation transcendantale. En poésie, dans les arts, dans les sciences, il n'est pas permis à tout le monde d'aller à Corinthe!

DERNIÈRES INNOVATIONS

Depuis quarante ans que je m'occupe de l'art de dresser les chevaux, j'ai toujours compris que l'unique problème à résoudre par l'écuyer était de parfaire l'équilibre naturel du cheval, et les recherches de toute ma vie n'ont eu d'autre but que de rendre plus facile la solution du problème. Chacune des treize éditions de la méthode renferme un nouveau progrès qui simplifie le travail de l'écuyer. A tous les instruments de torture employés précédemment, je substituai d'abord le mors qui porte mon nom; plus tard, je le remplaçai par un mors plus doux encore, aux branches plus courtes et sans gourmette; enfin, aujourd'hui je ne me sers plus que d'un simple bridon. Qu'on n'aille pas croire que ce bridon, nouveau par sa disposition, possède une vertu magique qui dispense de l'étude de la science; ce serait une grave erreur! Ce nouveau bridon démontre le perfectionnement de ma méthode, l'efficacité des moyens qu'elle prescrit, puisque avec ce simple frein je puis dompter le cheval le plus fougueux et le soumettre à ma volonté. Quelque simples que soient les nouveaux moyens que j'indique, ils ne peuvent être bien compris dans leurs détails et dans leur ensemble que par un écuyer habile.

Je dirai donc aux jeunes cavaliers: adressez-vous à un professeur imbu de tous mes principes et familiarisé avec la pratique de ma méthode, lui seul pourra vous rendre facile et sûre la route à parcourir, en vous indiquant ces nuances diverses, ces effets multiples de mains et de jambes, ce je ne sais quoi que le sentiment perçoit, que l'œil du professeur saisit, mais que l'auteur ne peut écrire. Acquérez ainsi la science, apprenez à vous servir de ce nouveau bridon, et vous obtiendrez des résultats inespérés; une fois le cheval dressé, vous pourrez, si tel est votre bon plaisir, employer à la promenade le mors que vous préférez.

Du cheval en liberté.

Il n'est personne qui n'ait vu un cheval courant en liberté dans la prairie. Quelle souplesse, quelle légèreté dans tous ses mouvements! Prenez ce cheval, mettez-lui une selle, une bride et cherchez à l'astreindre à votre volonté, quelle métamorphose! Ce cheval qui, en état de liberté, planait au-dessus du sol, se traîne péniblement, et s'arrête entre vos jambes. Pourquoi? Le cheval libre, maître absolu de ses forces, dispose son poids comme il l'entend, pour exécuter ces mouvements si gracieux que nous admirons. Dès qu'il est monté par l'homme, il se sent gêné, paralysé dans sa liberté; il est forcé d'abdiquer sa volonté, et il n'est pas encore capable de comprendre celle du cavalier. Il existe alors entre ces deux volontés un état transitoire d'incertitude qui explique de la part du cheval ces résistances qui dégénèrent en défense sous son cavalier inexpérimenté. Comment détruire ces résistances avant-coureurs de la défense, si le cavalier ignore que la cause de toutes les résistances réside dans le mauvais équilibre du cheval, par suite du désaccord qui existe entre l'avant et l'arrière-main? Les translations de poids ne sont faciles qu'autant que le cheval demeure *droit*, c'est-à-dire que les jambes de derrière soient sur la même ligne que celle de devant. Avec le cheval ainsi disposé, la force motrice peut agir avec égalité et simultanéité de contraction et de détente. L'effet sera transmis de l'arrière-main à l'avant-main sans décomposition de force, et le cheval prendra facilement la position utile au mouvement demandé. Supposez, au contraire, le cheval ayant la croupe en dehors de la ligne des épaules, aussitôt cesse la juste répartition du poids, parce que telle partie est trop surchargée, telle autre trop allégée; les contractions musculaires ne sont plus justes, l'instrument n'est plus d'accord, et, au moindre changement de direction, la croupe vient faire arc-boutant aux épaules, et le cheval résiste. Si le cavalier ne se hâte de détruire la cause de ces résistances en mettant son cheval *droit*, il n'arrivera jamais à la légèreté parfaite et constante.

Du sentiment.

La routine traditionnelle veut que tout cavalier qui monte dans le manége suive la piste près du mur. Je préfère le voir se tracer une piste à un mètre de distance du mur, afin de m'assurer s'il sait maintenir son cheval *droit*, sans le secours d'un guide-âne. De cette manière, le cavalier acquerra, outre le sentiment des lignes, ce juste accord qui lui permettra de discerner plus facilement la nature des contractions,—bonnes, si la légèreté en est la conséquence,—mauvaises, lorsque les résistances du cheval augmentent au lieu de diminuer. Celui qui n'a pas le sentiment des contractions est incapable de juger la position du cheval, je veux dire de sentir si la distribution de son poids est convenable, si la force est harmonisée par rapport au mouvement à exécuter. Il ne peut donc ni préparer la position[1] ni la corriger, ni, par conséquent, atteindre le but qu'il s'est proposé, *améliorer l'équilibre naturel du cheval en le rendant léger dans tous ses mouvements.* Le sentiment se développe par l'exercice; l'essentiel est de suivre la progression que j'indique et de se pénétrer de la vérité du principe dont un seul mot exprime les conséquences: «*Équilibre ou légèreté.*»

De la bouche du cheval.

Le langage a été donné à l'homme pour dissimuler sa pensée, a dit le prince de Talleyrand. Plus loyal que l'homme, le cheval ne peut pas dissimuler ses impressions. Est-il content de son cavalier, il lui témoigne sa satisfaction par la mobilité moelleuse de sa mâchoire. Surprend-il une faute, un oubli (le meilleur cavalier peut se tromper), l'ami fidèle semble s'attrister; il perd sa légèreté, son enjouement; si le cavalier comprend cet avis donné à voix basse, s'il répare sa faute, le cheval se hâte de reprendre son air de gaieté, et, par la mobilité de sa mâchoire, remercie son maitre d'avoir écouté l'humble remontrance de son serviteur. Mais la faute s'aggrave-t-elle, l'ignorance et la vanité dédaignent-elles d'écouter les reproches discrets qui lui sont adressés, alors le cheval retire sa confiance à ce maître dont il n'est pas compris; il cesse tout échange de pensées et proteste par le mutisme contre l'ignorance de son cavalier. On peut contraindre un esclave à marcher, on ne peut l'obliger à vous témoigner sa satisfaction.

J'ai dit que toutes les résistances du cheval proviennent de son mauvais équilibre. A qui la faute? Au cavalier! toujours au cavalier!

Le professeur.

Plus les formules de la science se simplifient, plus important devient le rôle du professeur instruit, chargé de transmettre fidèlement la pensée de l'auteur, de la faire appliquer et de démontrer la vérité de ses principes. J'écris qu'il faut avoir le cheval *droit*, et j'en dis la raison; mais qui indiquera à l'élève que son cheval est ou n'est pas droit? Je parle des effets de main, de jambes et d'éperons employés tantôt *séparément*, tantôt simultanément. Qui dira au cavalier qui se sera trompé dans l'emploi de ces aides la cause de son erreur? Qui l'aidera à la réparer et à prévenir ainsi les conséquences graves qui en résulteraient? Je dis qu'il faut détruire toutes les causes de résistances du cheval; mais qui indiquera à l'élève les moyens justes, opportuns, qu'il devra employer, le degré de force dont il devra se servir? Qui développera le sentiment de l'élève par des conseils donnés à propos? Le professeur. Mais je parle du professeur élevé à mon école, imbu de mes perfectionnements, car lui seul pourra les transmettre fidèlement et donner les moyens de les appliquer toujours d'une manière juste, exacte. Je donne les principes, ils sont vrais; j'indique les moyens, ils sont exacts; je fais connaître la progression des exercices, ils sont essentiellement abréviateurs. Mais, vouloir écrire l'application, ce serait tomber dans la faute de mes devanciers, en confondant deux choses bien distinctes, la science et l'art. Si l'auteur est la pensée qui conçoit, la science qui formule, l'habile professeur sera la parole qui transmet, l'œil qui observe, la main qui fait agir.

RÉSUMÉ
DES RAPPORTS OFFICIELS
EN FAVEUR DE LA MÉTHODE.

Dans les dix premières éditions de ma Méthode, j'ai publié, en entier, les divers rapports officiels de MM. les généraux et officiers de cavalerie qui se sont occupés de mon système au point de vue militaire. J'ai jugé nécessaire de ne donner, dans cette édition, qu'un résumé succinct de toutes ces pièces, afin de pouvoir publier mes idées nouvelles sans rien changer au format du livre.

Mes lecteurs me sauront gré, sans doute, de remplacer ainsi ces rapports élogieux qui m'étaient précieux lors de l'apparition de mon ouvrage, tant par la spécialité et le talent de leurs rédacteurs que par l'impartialité qui les a dictés.

Je saisis cette occasion d'exprimer à MM. les officiers de l'armée ma profonde reconnaissance pour leur juste appréciation de ma Méthode et le zèle qu'ils ont déployé à son étude. Je me tiendrai toujours très-honoré de leur haute approbation.

L'intérêt seul du public a pu me déterminer à retrancher de mon livre leurs remarquables écrits.

Je prie ceux de mes lecteurs qui voudraient lire ces rapports en entier de se reporter aux éditions précédentes.

Je passerai sous silence quelques lettres qui ont précédé la mission qui m'a été confiée de faire étudier mon système dans les corps de troupes à cheval.

Rapport de M. de Novital, chef d'escadrons, commandant l'école de Saumur.

Analyse des exercices journaliers.—Progrès constatés, jour par jour, jusqu'à parfaite éducation obtenue en treize jours pour quarante chevaux.

M. de Novital continue:

«Les adversaires de M. Baucher veulent lui donner le cachet d'une imitation des Pignatel, Pluvinel, Newcastle, etc.; mais ces célèbres écuyers, tout en prêchant l'assouplissement, l'équilibre, ont-ils enseigné une théorie aussi lucide, aussi juste, aussi bien raisonnée que celle de M. Baucher? Non.

«La méthode de M. Baucher doit faire école, parce qu'elle s'appuie sur des principes vrais, fixes, rationnels, motivés. Tout en elle est mathématique et peut se rendre par des chiffres.

«A lui donc appartient la nouvelle époque qui commence; à lui la gloire d'avoir mis le cheval dans la dépendance complète du cavalier en paralysant toute résistance, toute volonté, et en remplaçant les forces instinctives par des forces transmises.

«L'opinion de MM. les capitaines instructeurs des 5e cuirassiers et 3e lanciers se trouve comprise dans ce que je viens d'émettre.»

Paris, 4 avril 1842.

Rapport au général Oudinot, par M. Carrelet, colonel de la garde municipale de Paris.

«..... Je vous dirai qu'officiers et sous-officiers sont unanimes pour approuver les procédés de M. Baucher, appliqués au dressage des jeunes chevaux. En quinze jours M. Baucher obtient des résultats meilleurs que ceux obtenus en six mois par les anciens procédés. Je suis tellement convaincu de l'efficacité des moyens professés par M. Baucher, que je vais soumettre à ces procédés tous les chevaux de mes cinq escadrons.»

Paris, 6 avril 1842.

Rapport du général marquis Oudinot au Ministre de la guerre.

Constatation des heureux résultats obtenus par la méthode.—Les principes de M. Baucher sont un grand et incontestable progrès.—Conclut à ce que les corps de troupes envoient des instructeurs s'initier à la méthode.

6 avril 1842.

Rapport du chef d'escadron Grenier, chargé du commandement des officiers envoyés à Paris pour étudier la Méthode.

Vingt-deux officiers ont reçu les leçons de M. Baucher lui-même.—Approbation entière des principes et de leurs démonstrations pratique et orale.—C'est surtout à l'école de cavalerie que la méthode doit être connue.

Versailles, 24 juillet 1842.

Rapport demandé par le colonel président de la commission chargée d'étudier le dressage des jeunes chevaux d'après la méthode Baucher, et rédigé par M. Desondes, lieutenant au 9e cuirassiers.

Ce rapport suit jour par jour l'éducation d'un cheval désigné.

Constatation des progrès simultanés du cavalier et du cheval.

La Méthode, par l'excellence de ces principes, remédie à la mauvaise conformation du cheval.—Elle est appelée à diminuer les proportions effrayantes des pertes de chevaux.

Enfin, dit M. Desondes, la plus heureuse des innovations doit amener une révolution dans la cavalerie.

15 juillet 1842.

Rapport du commandant de l'Ecole royale de cavalerie de Saumur.

«..... Je me résume en disant que la nouvelle méthode doit être un grand bien, une amélioration incontestable pour la cavalerie.

«Je fais donc des vœux pour son adoption et sa prompte introduction dans l'armée.»

Saumur, 6 août 1842.

Rapport sur l'essai de la nouvelle méthode fait au camp de Lunéville, par M. Baucher fils.

«..... La sollicitude éclairée de M. le Ministre de la guerre pour l'armée est un sûr garant que cette méthode trouvera en lui un puissant protecteur, et que toutes les troupes à cheval pourront bientôt mettre à profit les importants avantages que procure son application.»

Les Membres de la Commission:
Capitaines de JUNIAC, de CHOISEUL, GROSJEAN;
lieutenant-colonel HERMET; général GUSLER.

Outre tous ces rapports, j'ai reçu l'adhésion de la plus grande partie des officiers de cavalerie. Quatre-vingt-trois colonels ou capitaines, sur cent deux, approuvent mon système.

I
NOUVEAUX MOYENS D'OBTENIR UNE BONNE POSITION DU CAVALIER[2].

On trouvera sans doute étonnant que, dans les premières éditions, promptement épuisées, de cet ouvrage ayant pour objet l'éducation du cheval, je n'aie pas commencé par parler de la position du cavalier. En effet, cette partie si importante de l'équitation a toujours été la base des écrits classiques.

Ce n'est pas sans motifs, cependant, que j'ai différé jusqu'à présent de traiter cette question. Si je n'avais eu rien de nouveau à dire, j'aurais pu, ainsi que cela se pratique, consulter les vieux auteurs, et, à l'aide de quelques transpositions de phrases, de quelques changements de mots, lancer dans le monde équestre une inutilité de plus. Mais j'avais d'autres idées; je voulais une *refonte complète*. Mon système pour arriver à donner une bonne position au cavalier étant aussi une innovation, j'ai craint que tant de choses nouvelles à la fois n'effrayassent les amateurs, même les mieux intentionnés, et qu'elles ne donnassent prise à mes adversaires. On n'aurait pas manqué de proclamer que mes moyens d'action sur le cheval étaient impraticables, ou qu'ils ne pouvaient être appliqués qu'avec le secours d'une position plus impraticable encore. Or, j'ai prouvé le contraire: d'après mon système, des chevaux ont été dressés par la troupe, quelle que fût la position des hommes à cheval. Pour donner plus de force à cette méthode, pour la rendre plus facile à comprendre, j'ai dû l'isoler d'abord de tous autres accessoires, et garder le silence sur les nouveaux principes qui ont rapport à la position du cavalier. Je me réservais de ne mettre ces derniers au jour qu'après la réussite incontestable des essais officiels. Au moyen de ces principes, ajoutés à ceux que j'ai publiés sur l'art de dresser les chevaux, j'abrége également le travail du cavalier, j'établis un système précis et complet sur ces deux parties importantes, mais jusqu'à ce jour confuses, de l'équitation.

En suivant mes nouvelles indications, relativement à la position de l'homme à cheval, on arrivera promptement à un résultat certain; elles sont aussi faciles à comprendre qu'à démontrer: deux phrases suffisent pour tout expliquer au cavalier. Il est de la plus grande importance, pour l'intelligence et les progrès de l'élève, que l'instructeur soit court, clair et persuasif; celui-ci doit donc éviter d'étourdir ses recrues par des développements théoriques trop prolongés. Quelques mots, expliqués avec à-propos, favoriseront et dirigeront beaucoup plus vite la compréhension. L'observation silencieuse est souvent un des caractères distinctifs du bon professeur. Après qu'on s'est assuré que le principe posé a été bien compris, il faut laisser l'élève studieux exercer lui-même son mécanisme: c'est ainsi seulement qu'il parviendra à trouver les effets de tact, qui ne s'obtiennent que par la pratique. Tout ce qui tient au sentiment s'acquiert, mais ne se démontre pas.

Position du cavalier.

Le cavalier donnera toute l'extension possible au buste, de manière que chaque partie repose sur celle qui lui est inférieurement adhérente, afin d'augmenter l'appui des fesses sur la selle; les bras tomberont sans force sur les côtés; les cuisses et les genoux devront trouver, par leur face interne, autant de points de contact que possible avec la selle, les pieds suivront naturellement le mouvement des jambes.

On comprend dans ces quelques lignes combien est simple la position du cavalier.

Les moyens que j'indique pour obtenir, en peu de temps, une bonne position lèvent toutes les difficultés que présentait la route tracée par nos devanciers. L'élève ne comprenait presque rien au long catéchisme récité à haute voix par l'instructeur, depuis la première phrase jusqu'à la dernière; en conséquence, il ne pouvait pas l'exécuter. Ici, c'est par quelques mots que nous rendons toutes ces phrases, et ces mots sont compréhensibles pour le cavalier qui suit mon travail d'assouplissement. Ce travail le rendra adroit et, par suite, intelligent; un mois ne sera pas écoulé sans que le conscrit le plus lourd et le plus maladroit ne soit en état d'être bien placé.

Leçon préparatoire.

(La leçon sera d'une heure; il y aura deux leçons par jour pendant un mois.)

Le cheval est amené sur le terrain, sellé et bridé; l'instructeur ne prendra pas moins de deux élèves; l'un tiendra le cheval par la bride, tout en observant le travail de l'autre, afin de l'exécuter à son tour. L'élève s'approchera de l'épaule du cheval et se disposera à monter; à cet effet, il prendra et séparera avec la main droite une poignée de crins, qu'il passera dans la main gauche, le plus près possible de leurs racines, sans qu'ils soient tortillés dans la main; il saisira le pommeau de la selle avec la main droite, les quatre doigts en dedans, le pouce en dehors; puis, après avoir ployé légèrement les jarrets, il s'enlèvera sur les poignets. Une fois la ceinture à la hauteur du garrot, il passera la jambe droite par-dessus la croupe sans la toucher et se mettra légèrement en selle. Ce mouvement de voltige étant d'une très grande utilité pour l'agilité du cavalier, on le lui fera recommencer huit ou dix fois, avant de le laisser s'asseoir sur la selle. Bientôt la répétition de ce travail lui donnera la mesure de ce qu'il peut faire au moyen de la force bien entendue de ses bras et de ses reins.

Travail en selle.

Ce travail doit se faire en place; on choisira de préférence un cheval vieux et froid. (Les rênes nouées tomberont sur le col).

Une fois l'élève à cheval, l'instructeur examinera sa position naturelle, afin d'exercer plus fréquemment les parties qui ont de la tendance à l'affaissement ou à la roideur. C'est par le buste que l'instructeur commencera la leçon. Il fera servir à redresser le haut du corps les flexions des reins qui portent la ceinture en avant; on tiendra pendant quelque temps dans cette position le cavalier dont les reins sont mous, sans avoir égard à la roideur qu'elle entraînera les premières fois. C'est par la force que l'élève arrivera à être liant, et non par l'abandon tant et si inutilement recommandé. Un mouvement obtenu d'abord par de grands efforts n'en nécessitera plus au bout de quelque temps, parce qu'il y aura adresse, et que, dans ce cas, l'adresse n'est que le résultat des forces combinées et employées à propos. Ce que l'on fait primitivement avec dix kilogrammes de forces se réduit ensuite à sept, à cinq et à deux. L'adresse sera la force réduite à deux kilogrammes. Si l'on commençait par une force moindre, on n'arriverait pas à ce résultat. On renouvellera donc souvent les flexions de reins en laissant parfois l'élève se relâcher complétement, afin de lui faire bien saisir l'emploi de force qui donnera promptement une bonne position au buste. Le corps étant bien placé, l'instructeur passera 1° à la leçon du bras, laquelle consiste à le mouvoir dans tous les sens, d'abord ployé et ensuite tendu; 2° à la leçon de la tête; celle-ci devra tourner à droite et à gauche sans que ses mouvements réagissent sur les épaules.

Dès que la leçon du buste, des bras et de la tête donnera un résultat satisfaisant, ce qui doit arriver au bout de quatre jours (huit leçons), on passera à celle des jambes.

L'élève éloignera, autant que possible, des quartiers de la selle l'une des deux cuisses; il la rapprochera ensuite avec un mouvement de rotation de dehors en dedans, afin de la rendre adhérente à la selle par le plus de points de contact possible. L'instructeur veillera à ce que la cuisse ne retombe pas lourdement; elle doit reprendre sa position par un mouvement lentement progressif et sans secousses. Il devra, en outre, pendant la première leçon, prendre la jambe de l'élève et la diriger pour bien lui faire comprendre la manière d'opérer ce déplacement. Il évitera ainsi la fatigue et obtiendra de plus prompts résultats.

Ce genre d'exercice nécessite de fréquents repos; il y aurait inconvénient à prolonger la durée du travail au delà des forces de l'élève. Les mouvements d'adduction (qui rendent la cuisse adhérente à la selle) et ceux d'abduction (qui éloignent) devenant plus faciles, les cuisses auront acquis un liant qui permettra de les fixer à la selle dans une bonne position. On passera alors à la flexion des jambes.

Flexion des jambes.

L'instructeur veillera à ce que les genoux conservent toujours leur adhérence parfaite avec la selle. Les jambes se mobiliseront comme le pendule d'une horloge, c'est-à-dire que l'élève les remontera jusqu'à toucher le troussequin de la selle avec les talons. Ces flexions répétées rendront les jambes promptement souples, liantes, et leur mouvement indépendant de celui des cuisses. On continuera les flexions de jambes et de cuisses pendant quatre jours (huit leçons). Pour rendre chacun de ces mouvements plus correct et plus facile, on y consacrera huit jours (ou quatorze leçons). Les quatorze jours (trente leçons) qui resteront pour compléter le mois continueront à être employés au travail d'assouplissement en place; seulement, pour que l'élève apprenne à combiner la force de ses bras et celle de ses reins, on lui fera tenir progressivement des poids de 2 à 5 kilogrammes à bras tendu. On commencera cet exercice par la position la moins fatigante, le bras ployé, la main près de l'épaule, et on poussera cette flexion à la plus grande extension du bras. Le buste ne devra pas se ressentir de ce travail et restera maintenu dans la même position.

Des genoux.

La force de pression des genoux se jugera, et même s'obtiendra à l'aide du moyen que je vais indiquer. Ce moyen, qui de prime abord semblera peut-être futile, amènera cependant de très-grands résultats. L'instructeur prendra un morceau de cuir de l'épaisseur de cinq millimètres et long de cinquante centimètres; il placera l'une des extrémités de ce cuir entre les genoux et le quartier de la selle. L'élève fera usage de la force de ses genoux pour ne pas le laisser glisser, tandis que l'instructeur le tirera lentement et progressivement de son côté. Ce procédé servira de dynamomètre pour juger des progrès de la force. Quelques paroles encourageantes placées à propos stimuleront l'amour-propre de chaque élève.

On veillera avec le plus grand soin à ce que chaque force qui agit séparément n'en mette pas d'autres en jeu, c'est-à-dire que le mouvement des bras n'influe jamais sur leurs épaules; il devra en être de même pour les cuisses, par rapport au tronc; pour les jambes par rapport aux cuisses, etc., etc. Le déplacement et l'assouplissement de chaque partie isolée une fois obtenus, on déplacera momentanément le haut du corps, afin d'apprendre au cavalier à se remettre en selle lui-même. Voici comment on s'y prendra: l'instructeur, placé sur le côté, poussera l'élève par la hanche, de manière que son assiette se trouve portée en dehors du siége de la selle. Avant d'opérer un nouveau déplacement, l'instructeur laissera l'élève se remettre en selle, en ayant soin de veiller à ce que, pour reprendre son assiette, il ne fasse usage que des hanches et des genoux, afin de ne se servir que des parties les plus rapprochées de l'assiette. En effet, le secours des épaules influerait bientôt sur la main, et celle-ci sur le cheval; le secours des jambes pourrait avoir de plus graves inconvénients encore. En un mot, dans tous les déplacements, on enseignera à l'élève à ne pas avoir recours, pour diriger, aux forces qui maintiennent à cheval; à ne pas employer, pour s'y maintenir, celles qui dirigent.

A l'aide de cette gymnastique équestre justement combinée, on arrive, au bout d'un mois, à faire exécuter facilement à tous les conscrits les exercices qui semblaient les plus contraires à leur organisation physique.

L'élève ayant franchi les épreuves préliminaires, attendra avec impatience les premiers mouvements du cheval pour s'y livrer avec l'aisance d'un cavalier déjà expérimenté.

Quinze jours (trente leçons) seront consacrés au pas, au trot et même au galop. Ici l'élève doit uniquement chercher à suivre les mouvements du cheval; en conséquence, l'instructeur l'obligera à ne s'occuper que de sa position et non des moyens de direction à donner au cheval. On exigera seulement que le cavalier marche d'abord droit devant lui, puis en tous sens, une rêne de bridon dans chaque main. Au bout de quatre jours (huit leçons), on pourra lui faire prendre la bride dans la main gauche. On s'attachera à ce que la main droite, qui se trouve libre, reste à côté de la gauche, afin que le cavalier prenne de bonne heure l'habitude d'être placé carrément (les épaules sur la même ligne); le cheval trottera également à droite et à gauche. Lorsque l'assiette sera bien consolidée à toutes les allures, l'instructeur expliquera d'une manière simple les rapports qui existent entre les poignets et les jambes, ainsi que leurs effets séparés[3].

Éducation du cheval.

Ici le cavalier commencera l'éducation du cheval, en suivant la progression que j'ai indiquée et que l'on trouvera ci-après. On fera comprendre à l'élève tout ce qu'elle a de rationnel, et par quelle liaison intime se suivent, dans leurs rapports, l'éducation de l'homme et celle du cheval. Au bout de quatre mois à peine, le cavalier pourra passer à l'école de peloton; les commandements ne seront plus qu'une affaire de mémoire; il lui suffira d'entendre pour exécuter, car il sera maître de son cheval.

J'espère que la cavalerie comprendra (comme elle a déjà compris mon mode d'éducation du cheval) tout l'avantage des moyens que j'indique pour tirer le plus large parti possible du peu de temps que chaque soldat reste sous les drapeaux.

J'ai également la conviction que l'emploi de ces moyens rendra prompte et parfaite l'éducation des hommes et des chevaux.

RÉSUMÉ ET PROGRESSION.

Jours. Leçons.

1° Flexion des reins pour servir à l'extension du buste	4	8
2° Rotation, extension des cuisses et flexion des jambes	4	8
3° Exercice général et successif de toutes les parties	8	14
4° Déplacement du tronc, exercice des genoux et des bras avec des poids dans les mains	14	28
5° Position du cavalier sur le cheval au pas, au trot et au galop, pour façonner et fixer l'assiette à ces différentes allures	15	30
6° Éducation du cheval par le cavalier	50	100
	——	——
Total	95	188

II
DE L'ÉQUILIBRE DU CHEVAL.

L'harmonie du poids et des forces du cheval donne l'équilibre de la masse.
L'équilibre de la masse produit l'harmonie des mouvements.

BAUCHER.

Tout être organisé, pour conserver la liberté et la sûreté de ses mouvements, est astreint à observer la loi de l'équilibre. Le cheval monté, plus que tout autre animal, est soumis à cette loi, car non-seulement il doit calculer ses mouvements par rapport à sa propre masse, mais le poids additionnel de son cavalier tend à déranger constamment son équilibre naturel.

L'importance majeure d'équilibrer le cheval a été vivement sentie par le monde équestre: aussi tout écuyer se pique d'honneur et veut trouver le secret de ce nœud gordien.

Dans notre XIXe siècle, où toutes choses doivent être traitées scientifiquement, il est tout naturel qu'on ait demandé à la science le secret de l'équilibre. La science a répondu par un problème:—Pour équilibrer votre cheval, cherchez son centre de gravité.

Cette réponse n'a pas manqué d'exciter une noble ardeur. Tout le monde s'est mis à l'œuvre. On cherche le centre de gravité partout, toujours....., mais on ne le trouve pas. Des contradictions sans nombre surgissent chaque jour, les discussions s'enveniment, les traités d'équitation tournent au pamphlet, les découvertes restent nulles et le centre de gravité continue à se promener dans le domaine dont on l'a fait seigneur et maître. Un si grand personnage devrait cependant n'être pas introuvable, eu égard aux limites restreintes qui le renferment.

Combien d'écuyers ont usé leur persévérance à cette vaine recherche! Mais aussi, qui n'aurait voulu connaître la solution d'un problème qui, d'un seul coup, tranchait les difficultés de l'équitation en donnant l'équilibre du cheval?

La science avait parlé; comme tout le monde, je crus à son oracle.

Me voilà donc livré, pendant des années entières, à des recherches journalières.

Résultats nuls! Ceux de la veille étaient contredits par ceux du lendemain.

Fallait-il donc, cependant, parce qu'il plaisait au centre de gravité de voyager incognito, laisser le cheval et son cavalier exposés aux dangers qu'entraîne le défaut d'équilibre!

Pour m'aider dans mes recherches, je m'adressais aux écuyers-auteurs. Ils mettaient une grande érudition à m'expliquer le déplacement du centre de gravité, quand, par exemple, une jambe se porte en avant, suivie de la jambe diagonalement opposée; ou bien quand le rassembler s'opère, ou quand le cheval se cabre, rue, etc.

Il est là, disait l'un; non, je le *vois* de ce côté, disait l'autre; et ces vaines discussions se continuent encore parce que l'on ne veut pas remonter aux causes premières, et que les effets absorbent l'attention générale.

On étudie la manière d'être du centre de gravité. Pourquoi? Je l'ignore. En saine pratique, n'avons-nous pas le poids du cheval à répartir et sa force à coordonner? N'avons-nous pas à combiner les forces opposées du cavalier (main et jambes)? Si nous nous rendons compte des effets de ces divers agents, et si nous en tirons le parti convenable, nous arriverons à notre équilibre, sans avoir à nous préoccuper du centre de gravité.

Messieurs les théoriciens, préparez vos anathèmes! je vais porter une main profane sur le dieu de vos rêves et briser votre idole, après avoir, il est vrai, dans mon ignorance, brûlé sur son autel un inutile encens.

Votre centre de gravité ne donne, n'entraîne, ni ne produit rien.

Il existe incontestablement, mais à l'état de passivité.

Vous voulez l'ériger en cause, il n'est qu'effet.

Quelle que soit votre opinion à son égard, il fonctionnera toujours dans le même ordre: bien, si votre mouvement est juste; mal, si votre mouvement est irrégulier.

Pourquoi donc, à propos d'équitation, avoir sans cesse à la bouche des mots scientifiques, sonores il est vrai, mais vides de sens et propres, tout au plus, à retarder les progrès de l'art, par l'obscurité qu'ils répandent sur les théories?

Tenez, messieurs, abandonnez simplement le centre de gravité aux influences qui le gouvernent, et cessez les discussions qu'il excite depuis trop longtemps. Au lieu d'enfourcher un nuage pour chevaucher à la recherche d'une idée aussi introuvable qu'inutile, montez un vrai cheval, et probablement vous approuverez les principes que je vais appliquer à l'obtention et au maintien de l'équilibre du cheval.

III
DE L'EMPLOI RAISONNÉ DES FORCES DU CHEVAL.

Le cheval, comme tous les êtres organisés, est doué d'un poids et d'une force qui lui sont propres. Le poids, inhérent à la matière constitutive de l'animal, rend sa masse inerte et tend à la fixer au sol. La force, au contraire, par la faculté qu'elle lui donne de mobiliser ce poids, de le transférer de l'une à l'autre de ses parties, communique le mouvement, en détermine la vitesse, la direction et constitue l'équilibre.

Pour rendre cette vérité palpable, supposons un cheval au repos. Son corps sera dans un parfait équilibre, si chacun de ses membres supporte exactement la part du poids qui lui est dévolue dans cette position. S'il veut se porter en avant au pas, il devra préalablement transférer, sur les jambes qui resteront fixées au sol, le poids que supporte celle qu'il en détachera la première. Il en sera de même pour les autres allures, la translation s'opérant au trot, d'une diagonale à l'autre; au galop, de l'avant à l'arrière-main, et réciproquement. Il ne faut donc jamais confondre les manières d'être du poids et de la force. Le poids n'est que passif, la force déterminante est active. C'est en reportant le poids sur telles ou telles extrémités que la force les mobilise ou les fixe. La lenteur ou la vitesse des translations détermine les différentes allures, qui sont elles-mêmes justes ou fausses, égales ou inégales, suivant que ces translations s'exécutent avec justesse ou irrégularité.

On comprend que cette puissance motrice se subdivise à l'infini, puisqu'elle est répartie sur tous les muscles de l'animal. Quand ce dernier en détermine lui-même l'emploi, je les appelle *instinctives*; je les nomme *transmises*[4] lorsque le cavalier en coordonne l'emploi. Dans le premier cas, l'homme, dominé par son cheval, reste le jouet de ses caprices; dans le second, au contraire, il en fait un instrument docile, soumis à toutes les impulsions de sa volonté. Le cheval, dès qu'il est monté, ne doit donc plus agir que par des forces transmises ou harmonisées. L'application constante de ce principe constitue le vrai talent de l'écuyer.

Mais un tel résultat ne peut s'obtenir instantanément. Le jeune cheval, habitué à régler lui-même, dans sa liberté, l'emploi de ses ressorts, se soumettra d'abord avec peine à l'influence étrangère qui viendra en disposer sans intelligence. Une lutte s'engagera nécessairement entre le cheval et le cavalier; celui-ci sera vaincu s'il ne possède l'énergie, la persévérance et surtout les connaissances nécessaires pour arriver à ses fins. Les forces de l'animal étant l'élément sur lequel l'écuyer doit agir principalement, pour les dominer d'abord et les diriger ensuite, c'est sur elles avant tout qu'il lui importe de fixer son attention. Il recherchera quelles sont les parties où elles se contractent le plus pour la résistance, les causes physiques qui peuvent occasionner ces contractions. Dès qu'il saura à quoi s'en tenir sur ce point, il n'emploiera envers son élève que des procédés en rapport avec la nature de ce dernier, et les progrès seront alors rapides.

Malheureusement, on chercherait en vain dans les auteurs anciens et modernes qui ont écrit sur l'équitation, je ne dirai pas des principes rationnels, mais même des données quelconques sur ce qui se rattache à l'emploi raisonné des forces du cheval. Tous ont bien parlé de *résistances*, d'*oppositions*, d'*équilibre*, mais aucun n'a su nous dire ce qui cause ces résistances, comment on peut les combattre, les détruire, et obtenir cette légèreté, cet équilibre, qu'il nous recommande si instamment. C'est cette grave lacune qui a jeté sur les principes de l'équitation tant de doutes et d'obscurité; c'est elle qui a rendu cet art stationnaire pendant si longtemps; c'est cette grave lacune, enfin, que je crois être parvenu à combler.

Et d'abord, je pose en principe que toutes les résistances des jeunes chevaux proviennent, en premier lieu, d'une cause physique, et que cette cause ne devient morale que par la maladresse, l'ignorance ou la brutalité du cavalier. En effet, outre la roideur naturelle, commune à tous ces animaux, chacun d'eux a une conformation particulière dont le plus ou le moins de perfection constitue le degré d'harmonie existant entre le poids et les forces. Le défaut de cette harmonie occasionne l'imperfection des allures, la difficulté des mouvements, en un mot, tous les obstacles qui s'opposent à une bonne éducation. A l'état libre, quelle que soit la mauvaise structure du cheval, l'instinct seul lui suffira pour disposer ses forces de manière à maintenir son équilibre; mais il est des mouvements qui lui sont impossibles, jusqu'à ce qu'un travail préparatoire l'ait mis à même de suppléer aux défectuosités de son organisation par un emploi mieux combiné de sa puissance motrice[5]. Le cheval n'exécute un mouvement avec légèreté qu'à la suite d'une position donnée; s'il est des forces qui s'opposent à cette position, il faut donc les annuler d'abord pour les remplacer par celles qui pourront, seules, la déterminer.

Or, je le demande, si, avant d'avoir surmonté ces premiers obstacles, le cavalier vient y ajouter le poids de son propre corps et ses exigences maladroites, l'animal n'éprouvera-t-il pas une difficulté plus grande encore pour exécuter certains mouvements? Les efforts qu'on fera pour l'y astreindre, étant contraires à sa nature, ne devront-ils pas se briser contre cet obstacle insurmontable? Il résistera naturellement, et avec d'autant plus d'avantage, que la mauvaise répartition de son poids et de ses forces suffira pour annuler l'action du cavalier. La résistance émane donc ici d'une cause physique; cette cause devient morale dès l'instant où, la lutte se continuant avec les mêmes procédés, le cheval commence à combiner lui-même les moyens de se soustraire au supplice qu'on lui impose, lorsqu'on veut ainsi forcer des ressorts qu'on n'a pas assouplis d'avance.

Quand les choses en sont là, elles ne peuvent qu'empirer. Le cavalier, dégoûté bientôt de l'impuissance de ses efforts, rejettera sur le cheval la responsabilité de sa propre ignorance; il flétrira du nom de rosse un animal qui possédait peut-être de brillantes ressources, et dont, avec plus de discernement et de science, il aurait pu faire une monture dont le caractère serait aussi docile et soumis que les allures seraient gracieuses et agréables. J'ai remarqué souvent que les chevaux réputés indomptables sont ceux qui développent le plus d'énergie et de vigueur, dès qu'on a su remédier aux inconvénients physiques qui paralysaient leur essor. Quant à ceux que, malgré leur mauvaise conformation, on finit par soumettre à un semblant d'obéissance, il faut en rendre grâce à la mollesse seule de leur nature; s'ils veulent bien s'astreindre à quelques exercices des plus simples, c'est à condition qu'on n'exigera pas davantage, car ils retrouveraient bien vite leur énergie pour résister à des prétentions plus élevées. Le cavalier pourra donc les faire marcher aux différentes allures; mais quel décousu, quelle roideur, quel disgracieux dans leurs mouvements, et quel ridicule de semblables coursiers ne jettent-ils pas sur le malheureux qu'ils ballottent et entraînent ainsi à leur gré, bien plus qu'ils ne se laissent diriger par lui! Cet état de choses est tout naturel, puisqu'on n'a pas détruit les causes premières qui le produisent: *la mauvaise répartition du poids et des forces et la roideur qu'elle entraîne à sa suite.*

Mais, va-t-on m'objecter, puisque vous reconnaissez que ces difficultés tiennent à la conformation du cheval, comment est-il possible d'y remédier? Vous n'avez probablement pas la prétention de changer la structure de l'animal et corriger la nature? Non sans doute; mais tout en convenant qu'il est impossible de donner plus d'ampleur à une poitrine étroite, d'allonger une encolure trop courte, d'abaisser une croupe élevée, de raccourcir et d'étoffer des reins longs, faibles et étroits, je n'en soutiens pas moins que si je détruis les contractions diverses occasionnées par ces vices physiques, si j'assouplis les muscles, si je me rends maître des forces au point d'en disposer à volonté, il me sera facile de prévenir ces résistances, de donner plus de ressort aux parties faibles, de modérer celles qui sont trop vigoureuses, et de suppléer ainsi aux mauvais effets d'une nature imparfaite, en établissant, dans l'équilibre du cheval, une juste répartition du poids et des forces.

De pareils résultats, je ne crains pas de le dire, furent et demeurent interdits à jamais aux anciennes écoles. Mais si la science de ceux qui professent d'après les vieux errements vient toujours se briser contre le grand nombre des chevaux défectueux, on rencontre des chevaux qui, par la perfection de leur organisation et la facilité d'éducation qui en résulte, contribuent puissamment à perpétuer les routines impuissantes, si funestes aux progrès de l'équitation. Un cheval bien constitué est celui dont toutes les parties, régulièrement harmonisées, amènent l'équilibre parfait de l'ensemble. Il serait aussi difficile à pareil sujet de sortir de cet équilibre naturel, pour prendre une mauvaise position et se défendre, qu'il est pénible d'abord, au cheval mal conformé, d'acquérir cette juste répartition du poids et des forces sans laquelle on ne peut espérer aucune régularité de mouvements.

C'est dans l'éducation de ces derniers animaux seulement que consistent les véritables difficultés de l'équitation. Chez les premiers, le dressage doit être, pour ainsi dire, instantané, puisque, tous les ressorts étant à leur place, il ne reste plus qu'à les faire mouvoir; ce résultat s'obtient toujours avec ma méthode. Les anciens principes, cependant, exigent deux et trois ans pour y parvenir; et lorsqu'à force de tâtonnements et d'incertitudes, l'écuyer doué de quelque intelligence et de quelque pratique finit par habituer le cheval à obéir aux impressions qui lui sont communiquées, il croit avoir surmonté de grandes difficultés, et attribue à son savoir-faire un résultat que l'application de bons principes aurait procuré en quelques jours. Puis, comme l'animal continue à déployer dans tous ses mouvements la grâce et la légèreté naturelles à sa belle conformation, le cavalier ne se fait nul scrupule de s'en approprier le mérite, se montrant alors aussi présomptueux qu'il est injuste, lorsqu'il veut rendre le cheval mal constitué responsable de l'inefficacité de ses efforts.

Si nous admettons une fois ces vérités:

Que l'éducation du cheval consiste dans la domination complète de ses forces et dans la juste répartition de son poids;

Qu'on ne peut disposer des forces qu'en annulant toutes les résistances,

Et que les résistances ont leur source dans les contractions occasionnées par les vices physiques,

Il ne s'agira plus que de rechercher les parties où s'opèrent ces contractions, afin d'essayer de les combattre et de les faire disparaître en provoquant un équilibre convenable du poids et des forces.

De longues et consciencieuses observations m'ont démontré que, quel que soit le vice de conformation qui s'oppose dans le cheval à la juste répartition des forces, c'est toujours sur la mâchoire que s'en fait ressentir l'effet le plus immédiat. Pas de faux mouvements, pas de résistance qui ne soient précédés par la contraction de cette partie de l'animal; et comme l'encolure est intimement liée à la mâchoire, la roideur de l'une se communique instantanément à l'autre. Ces deux points sont l'arc-boutant sur lequel s'appuie le cheval pour annuler tous les efforts du cavalier. On conçoit facilement l'obstacle immense qu'ils doivent présenter, puisque la tête et l'encolure étant les deux leviers principaux par lesquels on place et dirige l'animal, il est impossible de rien obtenir de lui tant qu'on ne sera pas entièrement maître de ces premiers et indispensables moyens d'action. A l'arrière-main, les parties où les forces se contractent le plus pour les résistances sont les reins et la croupe (les hanches).

Les contractions de ces deux extrémités opposées sont mutuellement les unes pour les autres cause et effet, c'est-à-dire que la roideur de la mâchoire et de l'encolure amène celle des hanches, et réciproquement. On peut donc les combattre l'une par l'autre; et dès qu'on aura réussi à les annuler, dès qu'on aura ainsi rétabli l'équilibre et l'harmonie entre l'avant et l'arrière-main, l'éducation du cheval sera à moitié faite. Je vais indiquer par quels moyens on y parviendra infailliblement.

IV

TRAVAIL A PIED.

MOBILISATION DU CHEVAL, AU MOYEN DES FORCES INSTINCTIVES, POUR OBTENIR L'ÉQUILIBRE DU POIDS.

EMPLOI DE LA CRAVACHE POUR APPRENDRE AU CHEVAL A VENIR A L'HOMME, LE RENDRE SAGE AU MONTOIR, ETC.

Dès le début de l'éducation du cheval, il est essentiel de lui donner une première leçon d'assujettissement et de lui faire connaître toute la puissance de l'homme. Ce premier acte de soumission, qui pourrait paraître sans importance, servira promptement à le rendre calme, confiant, à réprimer tous les mouvements qui détourneraient son attention et retarderaient son éducation.

Quelques leçons d'une demi-heure suffiront pour obtenir ce résultat chez tous les chevaux; le plaisir que l'on éprouvera à jouer ainsi avec le cheval portera naturellement le cavalier à continuer cet exercice autant qu'il sera nécessaire, et à le rendre aussi instructif pour le cheval qu'utile pour lui-même. Voici comment on s'y prendra: le cavalier s'approchera du cheval, sa cravache sous le bras, sans brusquerie ni timidité; il lui parlera sans trop élever la voix, et le flattera de la main sur le chanfrein ou sur l'encolure, puis, avec la main gauche, il saisira les rênes de la bride, à 16 centimètres des branches du mors, en soutenant le poignet avec assez d'énergie pour présenter autant de force que possible dans les instants de résistance du cheval. La cravache sera tenue de la main droite, la pointe vers la terre, puis on l'élèvera lentement jusqu'à la hauteur du poitrail pour en frapper délicatement cette partie à une seconde d'intervalle. Le premier mouvement naturel du cheval sera de reculer pour éviter les attouchements de la cravache. Le cavalier suivra ce mouvement rétrograde sans discontinuer toutefois la tension des rênes de la bride, ni les petits coups de cravache sur le poitrail. Le cavalier devra rester maître de ses impressions, afin qu'il n'y ait dans ses mouvements et dans son regard aucun indice de colère ni de faiblesse. Fatigué de ces effets de contrainte, le cheval cherchera bientôt par un autre mouvement à éviter la sujétion, et c'est en se portant en avant qu'il y parviendra; le cavalier saisira ce second mouvement instinctif pour l'arrêter et flatter l'animal du geste et de la voix. La répétition de cet exercice donnera des résultats surprenants, même à la première leçon. Le cheval, ayant bien compris le moyen à l'aide duquel il peut éviter la cravache, n'en attendra pas le contact, il le préviendra en s'avançant de suite au moindre geste. Ce travail, d'ailleurs très-récréatif, servira de plus à rendre le cheval sage au montoir, abrégera de beaucoup son éducation, et accélérera le développement de son intelligence. Dans le cas où, par suite de sa nature inquiète ou sauvage, le cheval se livrerait à des mouvements désordonnés, on devrait avoir recours au caveçon, comme moyen de répression, et l'employer par petites saccades. Quand le cheval se portera franchement en avant à l'action de la cravache, le moment sera venu de faire une légère opposition avec la main de la bride, afin d'obtenir un effet de ramener, sans discontinuer l'allure du pas.

On commencera aussi quelques temps de reculer, qu'on alternera avec les mouvements en avant, jusqu'à disparition complète des résistances.

Cet exercice est très-important pour déplacer, par les forces purement instinctives, d'abord, mais que nous régulariserons ensuite, le poids qui se fixerait trop sur l'arrière ou sur l'avant-main.

Faisons une remarque sur laquelle nous reviendrons plus tard.

Le poids du cheval surcharge naturellement la partie antérieure du corps; c'est pour cela qu'en vertu du principe qui oppose les forces au poids dans l'ordre naturel, la nature a donné une si grande puissance aux muscles postérieurs du cheval qui doivent, aux différentes allures et surtout au galop, non-seulement recevoir le poids de l'avant-main, mais encore projeter toute la masse en avant. Dans le reculer, cette distribution du poids induit souvent en erreur le cavalier inexpérimenté. Il s'imagine que le mouvement rétrograde est produit par le déplacement total du poids par les forces, tandis qu'il n'est dû qu'au reflux des forces impulsives, qui, refoulées par une opposition de main, n'ont entraîné avec elles qu'une partie du poids. Aussi, bien que le cheval recule, l'avant-main se trouve souvent surchargé d'un poids comparativement énorme. D'où il suit que le mouvement est irrégulier, jusqu'à ce que l'écuyer, revenu de son erreur, ait su alléger l'avant-main de manière à équilibrer le poids et les forces. Les moyens d'atteindre à ce but seront donnés ultérieurement. Alors nous appellerons l'attention du lecteur sur l'emploi des aides, que la pratique seule peut rendre judicieux.

Les exercices précédents à l'aide de la cravache, tels que: porter le cheval en avant, les commencements de ramener et de reculer, seront suivis, toujours à l'aide de la cravache, soit des pas de côté, soit des pirouettes ordinaires ou renversées.

Pour les pas de côté, la main, en se soutenant, facilite le mouvement des épaules dans le sens indiqué par la cravache. Dans le cas de résistance provenant de la croupe, le cavalier en triompherait par une opposition de la main qui ne reprendrait sa position que lorsque le mouvement serait commencé.

Dans les pirouettes renversées, la main se maintiendra pour forcer la croupe à obéir à la cravache, et la faire tourner autour des jambes du cheval, dont l'une doit lui servir de pivot.

Dans les pirouettes ordinaires, la cravache agira sur la croupe, pour la fixer et fournir aux jambes antérieures, mobilisées par la main, le pivot nécessaire à leur mouvement de rotation.

Ces divers exercices disposeront le cheval aux mouvements qu'il devra exécuter avec son cavalier en selle.

Bien entendu que dans le cours de l'éducation du cheval, il faudra revenir souvent à ces exercices préliminaires, afin qu'il ne perde pas le fruit de ses leçons précédentes.

V
DE L'ASSOUPLISSEMENT.

Les nouveaux principes de ma méthode ne peuvent être pratiqués que par les hommes versés dans l'art de l'équitation, et qui joignent à une assiette assurée une assez grande habitude du cheval pour comprendre tout ce qui se rattache à son mécanisme. Je ne reviendrai donc pas sur les procédés élémentaires; c'est à l'instructeur à juger si son élève possède un degré convenable de solidité, s'il est suffisamment en rapport d'enveloppe avec son cheval; car, en même temps qu'une bonne position produit cette identification, elle favorise le jeu facile et régulier des extrémités du cavalier.

Mon but ici est de traiter principalement de l'éducation du cheval; mais cette éducation est trop intimement liée à celle du cavalier, pour qu'il soit possible de faire progresser l'une sans l'autre. En expliquant les procédés qui devront amener la perfection chez l'animal, j'apprendrai nécessairement à l'écuyer à les appliquer lui-même; il ne tiendra qu'à lui de professer demain ce que je lui démontre aujourd'hui.

Nous connaissons maintenant quelles sont les parties du cheval qui se contractent le plus pour les résistances, et nous sentons la nécessité de les assouplir. Chercherons-nous dès lors à les attaquer, à les exercer toutes ensemble, pour les soumettre du même coup? Non, sans doute, ce serait retomber dans les anciens errements, et nous sommes convaincu de leur inefficacité. L'animal est doué d'une puissance musculaire infiniment supérieure à la nôtre; ses forces instinctives pouvant en outre se soutenir les unes par les autres, nous serons inévitablement vaincus si nous les surexcitons toutes à la fois. Puisque les contractions ont leur siége dans des parties séparées, sachons profiter de cette division pour les combattre successivement, à l'exemple de ces généraux habiles qui détruisent en détail des forces auxquelles ils n'auraient pu résister en masse.

Du reste, quels que puissent être l'âge, les dispositions et la structure du cheval, mes procédés, en débutant, seront toujours les mêmes. Les résultats seulement seront plus ou moins prompts et faciles, suivant le degré de perfection de sa nature et l'influence de la main à laquelle il aura pu être soumis antérieurement. L'assouplissement, qui, chez un cheval bien constitué, n'aura d'autre but que de préparer ses forces à céder à nos moyens d'action, devra de plus rétablir le calme et la confiance, s'il s'agit d'un cheval mal mené, et faire disparaître, dans une conformation défectueuse, les contractions, causes des résistances et de l'opposition à un équilibre parfait. Les difficultés à surmonter seront en raison de cette complication d'obstacles, qui tous disparaîtront bien vite, moyennant un peu de persévérance de notre part. Dans la progression que nous allons suivre pour soumettre à l'assouplissement les diverses parties de l'animal, nous commencerons naturellement par les plus importantes, c'est-à-dire par la mâchoire et l'encolure.

La tête et l'encolure du cheval sont à la fois le gouvernail de l'animal et la boussole du cavalier. Par elles il dirige l'animal; par elles aussi il peut juger de la régularité, de la justesse de son mouvement; pas d'équilibre, pas de légèreté, si la tête et l'encolure ne sont aisées, liantes et gracieuses. Nulle élégance, nulle facilité dans l'ensemble, dès que ces deux parties se roidissent. Précédant le corps dans toutes ses impulsions, elles doivent préparer d'avance, indiquer par leur attitude les positions à prendre, les mouvements à exécuter. Nulle domination n'est permise au cavalier tant qu'elles restent contractées et rebelles; une fois qu'elles sont flexibles et maniables, il dispose de l'animal à son gré. Si la tête et l'encolure n'entament pas les premières les changements de direction, si, dans les marches circulaires, elles ne se maintiennent pas inclinées sur la ligne courbe, afin de surcharger plus ou moins les extrémités en raison du mouvement, si pour le reculer elles ne se replient pas sur elles-mêmes, et si leur légèreté n'est pas toujours en rapport avec les différentes allures qu'on voudra prendre, le cheval sera libre d'exécuter ou non ces mouvements, puisqu'il restera maître de l'emploi de ses forces.

VI
DE LA BOUCHE DU CHEVAL ET DU MORS.

J'ai déjà traité ce sujet assez longuement dans mon *Dictionnaire raisonné d'Equitation*; mais comme je développe ici un exposé complet de ma méthode, je crois nécessaire d'y revenir en quelques mots.

Je suis encore à me demander comment on a pu attribuer si longtemps à la seule différence de conformation des barres ces dispositions contraires des chevaux qui les rendent si légers ou si lourds à la main. Comment a-t-on pu croire que, suivant qu'un cheval a une ou deux lignes de chair de plus ou de moins entre le mors et l'os de la mâchoire inférieure, il cède à la plus légère impulsion de la main, ou s'emporte, malgré les efforts des deux bras les plus vigoureux? C'est cependant en s'appuyant sur cette inconcevable erreur qu'on s'est mis à forger des mors de formes bizarres et si variées, vrais instruments de supplice, dont l'effet ne pouvait qu'augmenter les inconvénients auxquels on cherchait à remédier.

Si on avait voulu remonter un peu à la source des résistances, on aurait reconnu bientôt que la roideur de la mâchoire ne provient pas de la différence de conformation des barres, mais bien du mauvais équilibre du cheval. C'est donc en vain que nous nous suspendrons aux rênes et que nous placerons dans la bouche du cheval un instrument plus ou moins meurtrier; il restera insensible à nos efforts tant que nous ne lui aurons pas donné cette légèreté qui peut seule le mettre à même de céder.

Je pose donc en principe qu'il n'existe point de différence de sensibilité dans la bouche des chevaux; que tous présentent la même légèreté dans la position du ramener, et les mêmes résistances à mesure qu'ils s'éloignent de cette position importante. Il est des chevaux lourds à la main; mais cette résistance provient de la longueur ou de la faiblesse des reins, de la croupe étroite, des hanches courtes, des cuisses grêles, des jarrets droits, ou enfin (point important) d'une croupe trop haute ou trop basse par rapport au garrot; telles sont les véritables causes des résistances; le serrement de la mâchoire, la contraction de l'encolure, ne sont que les effets.

Je n'admets, par conséquent, qu'une seule espèce de mors, et voici la forme et les dimensions que je lui donne pour le rendre aussi simple que doux:

Branche droite de la longueur de 16 centimètres, à partir de l'œil du mors jusqu'à l'extrémité des branches; circonférence du canon, 6 centimètres; la liberté de la langue, 4 centimètres à peu près de largeur dans sa partie inférieure, et 2 centimètres dans la partie inférieure. Il est bien entendu que la largeur seule devra varier suivant la bouche du cheval.

J'affirme qu'un pareil mors suffira pour soumettre à l'obéissance la plus passive tous les chevaux qu'on y aura préparés par l'assouplissement; et je n'ai pas besoin d'ajouter que, puisque je nie l'utilité des mors durs, je repousse, par la même raison, tous les moyens en dehors des ressources du cavalier, tels que martingales, piliers, etc.[6]

VII
ASSOUPLISSEMENT DE LA MACHOIRE ET DE L'ENCOLURE.

Les flexions de la mâchoire, ainsi que les deux flexions de l'encolure qui vont suivre, s'exécutent en place, le cavalier restant à pied. Le cheval sera amené sur le terrain, sellé et bridé, les rênes passées sur l'encolure. Le cavalier vérifiera d'abord si le mors est bien placé et si la gourmette est attachée de manière qu'il puisse introduire facilement son doigt entre les mailles et la barbe. Puis, regardant l'animal avec bienveillance, il viendra se placer en avant de son encolure, près de la tête, le corps droit et ferme, les pieds un peu écartés pour assurer sa base et être prêt à lutter avec avantage contre toutes les résistances.

Première flexion de la mâchoire.

Pour exécuter cette flexion, le cavalier, placé du côté montoir, prendra avec la main droite la rêne gauche de la bride à dix-sept centimètres de la bouche, et avec la main gauche la rêne gauche du filet. Ces deux forces doivent agir en sens opposés. Si elles sont bien proportionnées à la résistance du cheval, elles amèneront bientôt la mobilité de la mâchoire. La flexion à droite s'exécutera d'après les mêmes principes et par les moyens inverses, le cavalier ayant soin de passer alternativement de l'une à l'autre. Si la résistance du cheval provient de la contraction trop grande des muscles releveurs, il faut opposer une force de haut en bas, jusqu'à parfaite cession de la part du cheval, et *vice versâ*. Il doit en être ainsi pour toutes les flexions; il faut combattre les résistances par la force qui leur est directement opposée.

Quelquefois, le cheval recule par impatience ou par la maladresse du cavalier; on n'en continue pas moins l'opposition des mains, lesquelles, dans ce cas, se portent en avant afin d'attirer le cheval et de faire opposition à la force qui produit l'acculement. Si l'on a pratiqué complétement le travail précédent, il sera facile, à l'aide de la cravache, d'arrêter le mouvement rétrograde qui est un puissant obstacle à toute espèce de flexions (*Planche 1*).

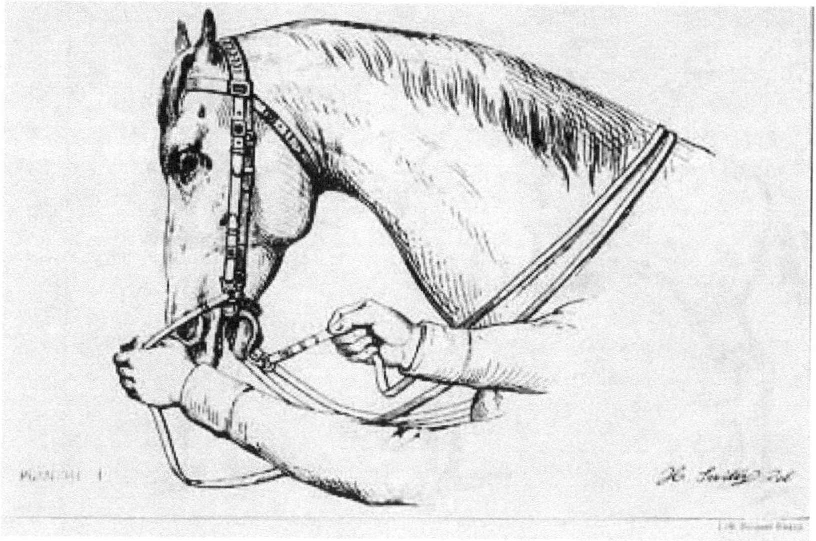

PLANCHE 1

Deuxième flexion.

La deuxième flexion s'exécute en prenant les deux rênes de la bride avec la main droite et les deux rênes du filet avec la gauche. En procédant comme pour la première flexion, et si celle-ci a été bien faite, on obtient presque instantanément la mobilité de la mâchoire. Sur quelques chevaux, la mâchoire inférieure se détache momentanément pour se refermer aussitôt avec bruit. Cette espèce de tic nerveux, de grincement de dents, doit être combattu avec soin, car il finirait par augmenter la résistance et s'opposerait à la légèreté (*Planches 2 et 3*).

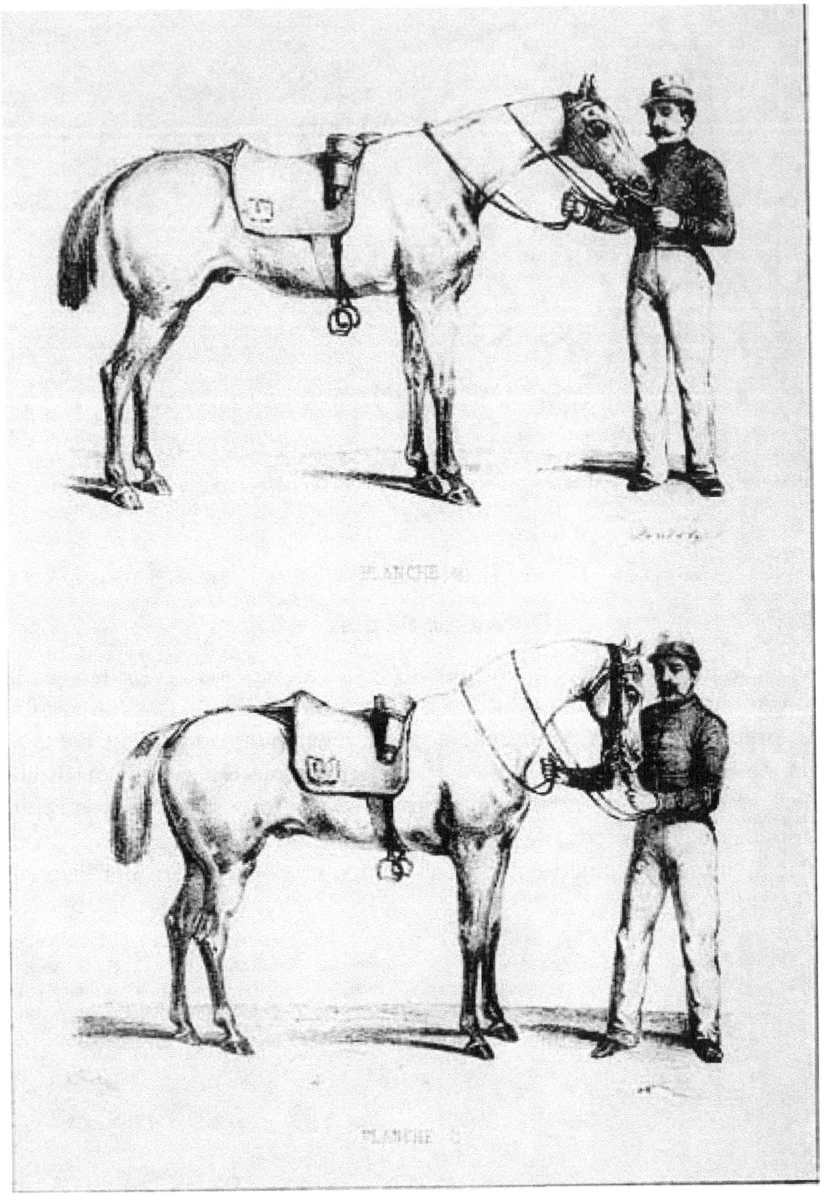

PLANCHES 2 ET 3

Troisième flexion.

Le cavalier saisit, par exemple, la rêne droite du filet avec la main gauche et la rêne gauche avec la main droite à dix-sept centimètres, puis il croise les deux rênes sous le menton de manière à exercer une pression assez forte sur la barbe. Si la résistance se prolongeait, le cavalier la ferait bien vite cesser par un frémissement rapide des poignets (*Planche 4*)[7].

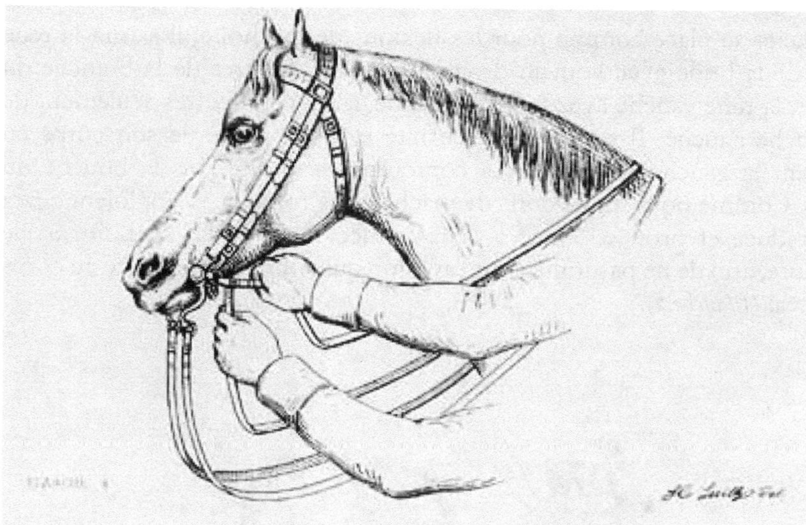

PLANCHE 4

On comprendra facilement l'importance de ces flexions de mâchoire. Elles ont pour résultat de préparer le cheval à céder aux plus légères pressions du filet ou du mors, d'assouplir directement les muscles qui joignent la tête à l'encolure. La tête devant précéder et déterminer les diverses attitudes de l'encolure, il est indispensable que cette dernière partie soit toujours assujettie à la première. Cela n'aurait lieu qu'imparfaitement avec la flexibilité seule de l'encolure, puisque ce serait alors celle-ci qui déterminerait l'obéissance de la tête en l'entraînant dans son mouvement. L'opposition des mains s'engagera sans à-coup, pour ne cesser qu'à parfaite obéissance du cheval, à moins cependant qu'il ne s'accule; elle diminuera ou augmentera son effet en proportion de la résistance, de manière à la dominer toujours sans trop la forcer. Le cheval, qui d'abord résistera, finira par considérer la main de l'homme comme un régulateur irrésistible, et il s'habituera si bien à obéir, qu'on obtiendra bientôt, par une simple pression de rêne, ce qui, dans le principe, exigeait une grande force.

ASSOUPLISSEMENT DE L'ENCOLURE.

Première flexion latérale.

Le cavalier se place comme pour les flexions de mâchoire; il saisira la rêne droite de la bride avec la main droite à seize centimètres de la branche du mors et la rêne gauche avec la main gauche, à dix centimètres seulement de la branche gauche. Il rapprochera ensuite la main droite de son corps en éloignant la gauche de manière à contourner le mors dans la bouche du cheval. Comme pour les flexions de mâchoire, la force qu'il emploiera devra être graduée et proportionnée à la résistance seule de la mâchoire et de l'encolure, afin de ne pas influer sur l'aplomb qui donne l'immobilité au corps du cheval (*Planche 5*).

PLANCHES 5 et 6

La flexion doit s'obtenir, non par un mouvement brusque de la tête, mais par petites cessions successives. La main gauche suit tout naturellement le mouvement de la tête, et, lorsque celle-ci se trouve près de l'épaule droite, les deux rênes également tendues maintiennent la tête oblique et verticale jusqu'à ce qu'elle se soutienne d'elle-même dans cette position (*Planche 6*). Le cheval, en mâchant son mors, constatera la mise en main ainsi que sa parfaite soumission. Le cavalier, pour le récompenser, fera cesser immédiatement la tension des rênes et lui permettra, après quelques secondes, de reprendre sa position naturelle. Mêmes principes et moyens inverses pour la flexion à gauche.

Deuxième flexion.

1° Le cavalier saisira la rêne droite du filet, qu'il tendra en l'appuyant sur l'encolure, pour établir un point intermédiaire entre la force qu'il emploie et la résistance que présentera le cheval; il soutiendra la rêne gauche avec la main gauche à trente-trois centimètres du mors. Dès que le cheval cherchera à éviter la tension constante de la rêne droite en inclinant sa tête à droite, le cavalier laissera glisser la rêne gauche, afin de ne présenter aucune opposition à la flexion de l'encolure. Cette rêne gauche devra se soutenir par une succession de petites tensions spontanées, chaque fois que le cheval cherchera à se soustraire, par la croupe, à l'effet de la rêne droite (*Planche 7*.

2° Lorsque la tête et l'encolure auront complétement cédé à droite, le cavalier donnera une égale tension aux deux rênes pour placer la tête verticalement. Le liant et la légèreté suivront bientôt cette position, et aussitôt que le cheval constatera l'absence de toute roideur par l'action de *mâcher son frein*, le cavalier fera cesser la tension des rênes, en prenant garde que la tête ne profite de ce moment d'abandon pour se déplacer brusquement. Dans ce cas, il suffirait pour la contenir d'un léger soutien de la rêne droite. Après avoir maintenu le cheval quelques secondes dans cette attitude, on le remettra en place en soutenant un peu la rêne gauche. L'important est que l'animal, dans tous ses mouvements, ne prenne de lui-même aucune initiative (*Planche 8*).

PLANCHE 7

PLANCHE 8

PLANCHES 7 ET 8

La flexion de l'encolure à gauche s'exécutera d'après les mêmes principes et par les moyens inverses. Le cavalier pourra répéter avec les rênes de la bride ce qu'il aura fait d'abord avec celle du filet; cependant le filet devra toujours être employé en premier lieu, son effet étant moins puissant et plus direct. Si les flexions à pied ont été bien faites, si elles ne laissent rien à désirer, celles à cheval s'obtiendront facilement. Ces premiers exercices sont d'une grande importance, et le temps que l'on y consacre abrége considérablement la durée des leçons qui doivent suivre.

Le cavalier doit scrupuleusement s'attacher à faire fléchir la mâchoire avant l'encolure, de manière que cette dernière soutienne la tête et la suive, sans la devancer jamais.

En principe, il n'y a pas d'encolure résistante avec une mâchoire moelleusement mobile.

C'est presque toujours l'opposé quand la flexion de l'encolure précède celle de la mâchoire. Les dents restent serrées ou ne se détachent qu'imparfaitement.

La résistance est toujours en raison directe du *mutisme* du cheval[8].

Dans les flexions directes ou latérales, le cheval présente encore une résistance qu'il est difficile de détruire, si l'on n'en connaît la cause. C'est en faisant des *forces* que l'animal renouvelle ces luttes, que le cavalier n'annule qu'imparfaitement et après de longs efforts. J'entends par faire des *forces*, l'action du cheval qui contracte sa mâchoire inférieure d'un côté ou de l'autre. Exemple: si l'on porte la tête du cheval à droite, la mâchoire inférieure se portera plus à droite que la mâchoire supérieure. Il faudra donc la ramener à gauche pour obtenir sa vraie mobilité et une légèreté complète.

Ces exercices et les suivants sont faciles à exécuter si le cavalier met scrupuleusement en pratique les moyens que j'indique et s'il suit en tout point la gradation qui en assure le succès.

Flexion directe ou ramener.

On alternera les flexions latérales avec la flexion directe ou mise en main. Outre les moyens indiqués pour les flexions de mâchoire, la flexion directe s'obtiendra encore avec la rêne droite du bridon appuyée sur l'encolure et tenue dans la main droite. Avec la main gauche, on prendra la rêne du même côté à trois centimètres de la bouche. Les deux rênes seront tendues graduellement, et leur action amènera le cheval à céder complétement de la mâchoire et de l'encolure. (Voy. *Planche 9.*

PLANCHE 9

Si l'encolure fléchissait avant la mâchoire, il faudrait opposer une force spontanée de la main, pour empêcher cette flexion défectueuse et prématurée.

Quelques jours de cet exercice assureront la légèreté de la mâchoire et de l'encolure.

Il est indispensable que le cavalier se rende compte de la disposition du poids et des forces de sa monture; car leur mauvaise répartition retarderait le progrès de l'éducation.

Supposons donc que, le cheval étant en place, le poids soit trop porté sur l'avant-main. Dans ce cas, les résistances seraient énormes et presque insurmontables, si, au préalable, on ne forçait le poids à se reporter sur l'arrière-main par une pression soutenue du mors, ce qui se ferait sans chercher à obtenir aucune flexion. Par ce mouvement, le poids se combine tellement avec les forces, que l'on obtient aussitôt toute la légèreté désirable. Si, au contraire, les forces étaient toutes dirigées sur l'arrière-main, ce qui provoquerait un mouvement de recul, il faudrait attirer le cheval en avant, après s'être assuré, toutefois, en forçant le reculer, si, malgré le mouvement rétrograde, le poids n'est pas trop porté sur le devant.

OBSERVATION. Les flexions à pied, incomplétement faites, non-seulement sont sans effet satisfaisant, mais encore elles portent le cheval plutôt aux résistances qu'aux concessions qui sont les premiers éléments de son éducation. La prolongation des flexions qui s'obtiennent facilement aurait son danger. L'encolure s'amollirait au lieu d'être liante; elle s'isolerait du corps, avec lequel, au contraire, elle doit s'identifier, pour établir entre eux une espèce de solidarité qui fait réagir, sur toute la masse, un léger déplacement de la tête et provoque promptement tous les changements de position désirables.

Lorsque le cheval se soumettra à tous ces exercices, sans résistance, ce sera une preuve que l'assouplissement a fait un grand pas et que l'éducation première est en voie de progrès.

VIII
EFFETS DE MAINS (RÊNES).

Nous avons avancé comme règle invariable que, lorsqu'on soumet le cheval, pour les premières fois, à l'action du frein, il faut l'emboucher avec un mors de bride accompagné d'un filet. Ajoutons qu'on devra recourir aux effets de ce dernier dans les commencements de l'éducation du cheval, parce que sa puissance, moins grande que celle de la bride, a une action plus directe pour faire céder l'encolure à droite et à gauche. En effet, pour le ramener, le filet ne représente qu'un levier de 3e genre, tandis que le mors avec branches et gourmette est un levier de 2e genre. Pour le ramener et les mouvements rétrogrades du corps, la puissance du mors est supérieure à celle du filet; mais pour les premiers déplacements de la tête du cheval et la répression de résistance venant du côté droit ou du côté gauche, l'usage du filet amènera des résultats plus prompts, parce que, composé de deux pièces, il a un effet local qui agit sur un des côtés de la bouche du cheval. Les mêmes effets, avec les rênes de bride séparées, ne peuvent agir ni aussi directement ni aussi isolément sur l'une des deux barres; car la seule pièce qui compose le mors agit nécessairement sur toute la mâchoire et rend, par cela même, l'intention du cavalier moins claire à l'intelligence du cheval. De là hésitation et lenteur d'un côté, impatience et colère de l'autre, et souvent luttes regrettables qui ne se terminent pas toujours à l'avantage du cavalier.

Je sais qu'à la rigueur un écuyer peut se passer du filet, comme il peut aussi ne se servir que du filet pour dresser un cheval, mais ce n'est qu'une exception qui justifie la règle.

On se servira donc, en commençant, des rênes du filet, une dans chaque main; les rênes de bride, réunies dans la main gauche à leur position normale, seront légèrement flottantes. La rêne gauche du filet sera contenue entre le pouce et l'index de la main gauche; la rêne droite, contenue entre le pouce et les trois premiers doigts, passera sur le petit doigt de la main droite. Ces dispositions faciliteront l'emploi du filet pour les inclinaisons d'encolure.

Si, dans les flexions, le cheval portait au vent, on passerait les rênes du filet dans la main droite, pour que la main gauche, par une tension égale des deux rênes de bride, exerçât une pression du mors qui détruise la résistance et ramène la tête dans la position verticale. Cette attitude rendra le cheval plus soumis aux effets des rênes du filet.

Cette première flexion s'exercera, d'abord en place, puis au pas.

Ce travail, fait convenablement à pied, deviendra facile à cheval.

Tout exercice obtenu primitivement avec les rênes de filet, sera pratiqué ensuite avec les rênes de bride, pour amener la tête du cheval à droite, à gauche, ou dans la position verticale, et obtenir la mise en main. L'exécution des flexions latérales avec les rênes de bride prouvera un progrès, puisqu'elle s'obtiendra à l'aide de moyens moins directs.

Il est inutile de faire observer qu'avant de passer d'une flexion latérale à une autre, il faut saisir l'instant où la tête se trouve dans le prolongement de la ligne des épaules et de la croupe, afin de mettre le cheval en main, par une tension égale des deux rênes de la bride. Cette observation s'applique également à toutes les flexions exécutées aux différentes allures.

Le travail d'arrière-main, ou commencement des pirouettes renversées, se pratiquera par la tension plus grande de la rêne opposée au côté où marchera la croupe. Si elle se porte à gauche, la rêne droite se soutiendra avec plus d'énergie (*et vice versâ*), afin de maîtriser les résistances que doivent faire naître des mouvements nouveaux pour l'animal. Aussitôt que le cheval obéira à la jambe, on cessera l'action isolée d'une des rênes de filet ou de bride; car ce moyen n'étant que le correctif des résistances doit être abandonné dès qu'il est sans but. Les rênes deviennent alors inutiles comme force d'opposition et ne servent plus qu'à maintenir l'attitude la plus convenable pour que le cheval demeure bien placé et gracieux dans ses mouvements.

Pour les pirouettes ordinaires, à droite, par exemple, on écartera la rêne droite du filet, en modérant son action avec la gauche. La rêne droite ébranlera l'avant-main, l'autre fixera la croupe afin qu'elle serve de pivot. La main de la bride doit terminer tous les mouvements, pour habituer le cheval à obéir à sa seule action.

Observons en passant que l'emploi du filet n'est que préparatoire à l'usage exclusif de la bride. Quand le cheval obéira à cet agent, la main de la bride seule agira pour commencer ou pour finir les mouvements.

Au pas, sur la piste, on répétera les mêmes flexions latérales d'encolure, en écartant faiblement les rênes du filet d'abord et les rênes de la bride ensuite.

Même exercice pour les changements de direction.

Le cheval répondant aux moindres tensions des rênes de filet ou de bride, on les remplacera par un nouvel effet de rênes, qui disposera ses forces pour répartir le poids de la manière la plus favorable au mouvement.

Il servira encore, par une juste opposition de la main, à corriger les écarts de la croupe, et à placer, point important, le cheval parfaitement droit; c'est-à-dire, la croupe sur la ligne des épaules.

Ce nouvel effet de rênes transportera le poids d'une partie sur l'autre sans détruire l'harmonie des forces. Résultat jusqu'alors inconnu.

Précédemment, en rétablissant l'équilibre du poids, on détruisait souvent l'ensemble des forces; puis, en rétablissant l'équilibre des forces, on ramenait le poids à sa mauvaise disposition première. N'est-ce pas là un travail sans fin?

Expliquons le moyen qui, malgré sa simplicité, va remédier à ces tâtonnements infructueux.

Les premiers assouplissements ont mis l'animal à même de répondre à ce nouveau procédé.

Le cheval étant au pas, on séparera les rênes de la bride, une dans chaque main. Si l'on débute par la rêne droite, la main droite se portera à gauche et appuiera la rêne contre l'encolure. Celle-ci se contournera, la tête s'inclinera, et les épaules du cheval se porteront légèrement à gauche. La pression opportune des jambes déterminera au besoin la croupe dans le sens du mouvement (les mêmes résultats s'obtiendront avec la rêne gauche). La position propre à ce changement de direction s'obtient, en partie, par des effets de rênes savamment pratiqués. Les mêmes résultats s'obtiendront également à toutes les allures, y compris le travail sur les hanches.

Puis il arrivera un moment où l'éducation du cheval, plus complète, permettra de se dispenser même du secours des jambes. (Descente de jambes.) Il est bien entendu que ces effets de rênes de bride séparées, obtenus soit par écartement, tension ou pression sur l'encolure, ont pour but d'amener le cheval à obéir à l'action seule de la main de la bride.

Après ces exercices, la main gauche seule suffira à faire exécuter les changements de direction. A cet effet, avant de se porter du côté déterminant, la main, en se contractant, fera sentir toute sa force d'opposition, sans se rapprocher du corps. Cet effet concentré de la puissance de la main demande qu'au préalable l'égale tension des rênes permette de sentir facilement la bouche du cheval; il devra compléter la légèreté du cheval avant que celui-ci se conforme à la nouvelle inclinaison. Ce temps bien compris, l'animal tournera à la simple indication de la main, si, comme je l'ai déjà recommandé, on saisit le moment où la tête passe par la ligne prolongée de la croupe et des épaules, pour opérer la mise en main avant de changer l'inclinaison d'un côté ou d'un autre.

IX
EFFETS DE JAMBES.

Si je demandais au premier cavalier venu les moyens pour changer de direction, il me répondrait assurément: «Si vous voulez tourner à droite, portez la main à droite et faites sentir la jambe du même côté.»

C'est, en effet, le principe que tous les traités d'équitation, jusqu'au mien, ont donné comme le seul efficace pour ce mouvement. Mais tant d'erreurs se sont érigées en principes, que j'ai voulu m'assurer de l'exactitude de ce dernier.

J'ai donc, pour tourner à droite, par exemple, porté la main à droite et fait sentir la jambe du même côté.

Quelque légèreté qu'eût mon cheval sur la ligne droite et bien que j'eusse fait sentir la jambe indiquée, j'éprouvais souvent une résistance dont, longtemps, j'ai cherché la cause et les moyens de la détruire.

L'expérience m'a démontré que souvent, par suite de l'action de la jambe droite, la croupe se portant à gauche, empêche, par sa mobilité, le poids de se fixer sur le point d'appui nécessaire au pivot de conversion et jette ainsi de l'irrégularité et de l'incertitude dans le mouvement.

La répression de cette résistance exige naturellement, me suis-je dit, l'emploi de la jambe gauche. J'adoptai donc ce moyen comme correctif. Il me donna d'abord des résultats surprenants, mais la persistance de son emploi devint la source d'une autre résistance.

La croupe, portée trop à droite par la pression de la jambe gauche, s'arc-boutait, pour ainsi dire, contre l'épaule droite, et paralysait ses mouvements.

Après de minutieuses observations, je conclus donc que l'emploi exclusif de l'une ou de l'autre jambe ne peut être prescrit comme principe absolu dans les changements de direction, puisque, destiné à prévenir, il provoque, au contraire, des résistances.

En effet, quand je veux placer le cheval pour le changement de direction, j'ignore de quel côté viendra la résistance, puisque la croupe peut se dérober à droite ou à gauche; j'ignore même s'il y aura résistance. Il n'est donc pas rationnel de déterminer, *à priori*, l'emploi exclusif de l'une ou de l'autre jambe, et le principe, reconnu faux, doit être abandonné.

Revenons donc aux vrais principes de l'équitation:

La main seule donne la position, les jambes donnent l'impulsion.

Si, d'après les prescriptions formelles de ma méthode, vous avez dirigé l'éducation de votre cheval de manière à lui donner une juste répartition du poids et des forces, le changement de direction lui deviendra aussi facile que la marche sur la ligne droite. Le cheval étant bien placé obéira à la première invitation de la main, la tête et l'encolure prendront la position propre au mouvement, et le liant parfait de toute la machine amènera les épaules et la croupe à prendre sans résistance la part qui leur convient pour la régularité et la facilité du changement de direction. D'où je conclus que l'emploi de l'une ou de l'autre jambe prescrit comme principe est un non-sens, pour ce mouvement, puisque sa régularité et sa facilité ne dépendent que de l'harmonie apportée dans l'équilibre de l'animal.

Je dis plus. L'aide des deux jambes deviendra tout à fait inutile, quand le cheval sera arrivé au point d'éducation où doit le conduire inévitablement ma méthode.

POINT IMPORTANT. Dès que le cheval commencera à prendre la position indiquée par la main, celle-ci devra cesser son action et laisser à l'animal sa liberté de mouvement, en ayant soin toutefois de le suivre dans son déplacement. Si, au contraire, après un commencement d'exécution, la main persistait dans son action, la position de l'encolure deviendrait forcée et amènerait un dérangement de croupe, d'où naîtrait une résistance qu'on ne pourrait vaincre qu'à l'aide des jambes.

X
EFFETS DE MAIN ET DE JAMBES.

Nous avons consacré un chapitre spécial aux fonctions particulières de la main et des jambes; nous allons, maintenant, combiner l'action de ces puissances de telle sorte qu'elles procurent au cavalier les ressources qu'il doit retirer de leur judicieux emploi.

En principe, les jambes du cavalier donnent au cheval l'impulsion nécessaire aux mouvements. Mais elle n'est primitivement qu'un moyen de déplacement qui, pour obtenir un bon résultat, a besoin d'un modérateur et d'un régulateur.

Ce double rôle appartient à la main.

Aussitôt qu'obéissant à la pression des jambes le cheval se mobilise, la main, savante interprète de la volonté du cavalier, dispose l'animal dans le sens propre au mouvement qui doit être exécuté, et son action, méthodiquement réglée, fait comprendre au serviteur les intentions du maître.

Le cheval, bien placé par la main, exécutera facilement le mouvement indiqué. Je dis plus: il l'exécutera nécessairement, car la disposition des diverses parties de son corps ne lui en permettrait pas d'autre.

L'écuyer doit donc avoir pour but de dominer les forces du cheval; il faut qu'il en dispose absolument. La combinaison intelligente de l'action de la main et des jambes produira ce résultat.

PRINCIPE ESSENTIEL. En général l'action des jambes doit précéder celle de la main pour déterminer toutes les allures, ainsi que pour obtenir les effets d'ensemble, le rassembler, les temps d'arrêt et le reculer, etc., etc.

En effet, si l'on porte le cheval en avant, il faut d'abord que les jambes déterminent son action et que, sur l'impulsion donnée, la main prenne autant de forces qu'il lui en faut pour diriger la masse dans le sens propre au mouvement. Si, au contraire, l'action de la main précédait celle des jambes, le cheval, manquant de l'impulsion nécessaire, ne pourrait être placé convenablement, et le mouvement deviendrait incertain, d'une exécution difficile et souvent impossible.

Pour les effets d'ensemble, les jambes agiront les premières, afin d'éviter les effets rétrogrades du cheval, qui, par ce moyen, se soustrairait à la bonne position de sa tête et à l'immobilité de ses quatre jambes, s'il est en place.

C'est encore en débutant par l'action des jambes qu'on fera jouer tous les ressorts du mécanisme de l'animal, et leur puissance, sagement dirigée par la main, s'harmonisera de telle sorte que le cheval sera toujours placé droit.

L'action des jambes du cavalier produira le rassembler en rapprochant les membres postérieurs du cheval.

Pour le vrai reculer, les jambes de derrière du cheval doivent d'abord quitter le sol. C'est encore une pression préalable des jambes du cavalier qui déterminera ce mouvement. Le cheval est porté en avant par les jambes; mais aussitôt l'impulsion donnée, la main se rapproche du corps, et son effet, justement combiné, force la jambe, déjà levée, à se porter en arrière. Après quelques répétitions de cet exercice, le cheval reculera franchement et régulièrement.

L'impulsion imprimée par les jambes est encore nécessaire dans le reculer, en ce sens qu'elle s'oppose à la trop brusque concentration des forces sur l'arrière-main, ce qui donnerait un reculer précipité et irrégulier.

Pour l'exécution des pirouettes renversées ou ordinaires, les jambes devront donner l'impulsion qui, comme toujours, permettra à la main de placer le cheval. C'est alors que les rênes de la bride par tension, écartement, ou pression sur l'encolure, deviendront efficaces pour combattre les résistances indiquées par les refus du cheval, qui arrivera graduellement à obéir à la seule pression de la jambe.

Au moyen de ces exercices et de la combinaison sage des effets de jambes et de main, le cheval aura bientôt acquis une juste répartition du poids et des forces.

J'indique le but; plus heureux que mes devanciers dans l'étude de l'équitation, je donne les moyens infaillibles de l'atteindre.

Est-ce à dire, cependant, que je veuille promettre à tous les adeptes de ma méthode les résultats que beaucoup de mes élèves ont obtenus? Non; voici pourquoi. Quelle que soit la clarté d'une théorie et l'exactitude de ses principes, le professeur ne peut donner à tous cette étincelle de feu sacré qui dénote l'aptitude, la vocation et mène au succès.

Si les idées théoriques expliquées et motivées ne rencontrent pas comme un écho dans l'esprit de l'élève, si son intelligence n'est pas frappée comme d'un choc électrique, par la vérité du principe, c'est que l'inspiration manque. Les efforts du professeur lutteront péniblement contre l'inaptitude.

En comparant les forces de l'homme et celles du cheval, on est étonné que notre faiblesse proportionnelle ait entrepris de dominer une puissance aussi supérieure; et, cependant, avec la seule pression de nos jambes et de nos mains, nous lui imposons notre volonté.

Soumis à nos lois, notre superbe antagoniste se précipite comme une avalanche; ses forces, multipliées par l'impulsion, impriment à son corps une rapidité vertigineuse; son élan semble indomptable. Un geste du cavalier, et la masse impétueuse devient statue, le cheval est immobile.

J'ai donné les moyens d'obtenir ces immenses résultats. Ma méthode met tellement le cheval dans la dépendance du cavalier, que, par la combinaison des effets de jambes et de main, nos moindres mouvements suffisent pour diriger, à notre gré, les ressorts de ce puissant animal; mais je ne puis dire précisément et clairement à l'élève le degré de force impulsive ou répressive qu'il doit employer. C'est l'appréciation exacte de l'emploi des forces combinées qui s'appelle l'intelligence équestre. Cette qualité est innée chez le véritable écuyer, elle lui est indispensable.

Une longue pratique, en donnant l'expérience, peut, il est vrai, combattre heureusement l'inaptitude. Mais si, dans ce cas, les progrès sont lents, devra-t-on s'en prendre à l'impuissance des principes?

XI
ASSOUPLISSEMENT A CHEVAL, AVANT MAIN ET ARRIÈRE-MAIN.

FLEXION DIRECTE DE LA TÊTE ET DE L'ENCOLURE, OU RAMENER.

1° Le cavalier se servira d'abord des rênes du filet, qu'il réunira dans la main gauche et tiendra comme celles de la bride. Il appuiera la main droite *de champ* sur les rênes en avant de la main gauche, afin de donner à la première une plus grande puissance, en augmentant la pression du mors de filet. Dès que le cheval cédera, il suffira de soulever la main droite pour diminuer la tension des rênes et récompenser l'animal. Lorsque le cheval obéira à l'action du filet, il cédera bien plus promptement à celle de la bride, dont l'effet est plus puissant; c'est dire assez que la bride devra par conséquent être employée avec plus de ménagement que le filet. (*Planche 10.*)

2° Le cheval aura complétement cédé à l'action de la main, lorsque sa mâchoire sera mobile. Le cavalier doit avoir soin de ne pas se laisser tromper par les feintes du cheval, feintes qui consistent dans un quart ou un tiers de cession, suivie de bégaiements. On doit tout d'abord habituer le cheval à supporter les jambes pour arrêter tous les mouvements rétrogrades de son corps, mouvements qui le mettraient à même d'éviter les effets de la main, ou feraient naître des points d'appui ou des arcs-boutants propres à augmenter les moyens de résistance. (*Planche 11.*)

PLANCHES 10 ET 11

Cette flexion est fort importante. Dès qu'elle s'exécute avec aisance et promptitude, il suffit d'un léger appui de la main pour ramener et maintenir la tête dans la bonne position. La direction de cette partie de l'animal deviendra dès lors aussi facile que naturelle, puisque nous l'aurons mise à même de comprendre toutes les indications de la main, et d'y obéir sur-le-champ sans efforts. Quant aux fonctions des jambes, elles consistent à empêcher un mouvement rétrograde du corps.

FLEXIONS LATÉRALES DE L'ENCOLURE.

1° Pour exécuter la flexion à droite, le cavalier prendra une rêne de filet dans chaque main, la gauche sentant à peine l'appui du mors; la droite, au contraire, communiquant une impression modérée d'abord, mais qui augmentera en proportion de la résistance du cheval, et de manière à la dominer toujours.

L'animal, déjà préparé par le travail précédent, comprend la volonté du cavalier, et incline la tête du côté où se fait sentir la pression du filet. (*Planche 12.*)

2° Dès que la tête du cheval aura été ramenée à droite, la rêne gauche formera opposition, pour empêcher le nez de dépasser la verticale. On doit attacher une grande importance à ce que la tête reste toujours dans cette position: la flexion sans cela serait imparfaite et la souplesse incomplète. Le mouvement régulièrement accompli, on fera reprendre au cheval sa position naturelle par une légère tension de la rêne gauche. (*Planche 13.*)

PLANCHES 12 ET 13

La flexion à gauche s'exécutera de même, le cavalier employant les rênes du filet et celles de la bride.

J'ai dit qu'il faut s'attacher à assouplir l'extrémité supérieure de l'encolure. Une fois à cheval, et lorsque les flexions latérales s'obtiendront sans résistance, le cavalier se contentera souvent de les exécuter à demi, la tête et la première partie de l'encolure pivotant alors sur la partie inférieure, qui servira de base. Cet exercice se renouvellera fréquemment, même lorsque l'éducation du cheval sera terminée, pour entretenir le liant et faciliter la mise en main.

Les flexions latérales trop prolongées amèneraient de l'abandon dans la tête et l'encolure et les isoleraient du corps. Il faut donc en user sagement dès que le cheval les exécute avec facilité.

Il nous reste maintenant, pour compléter l'assouplissement de la tête et de l'encolure, à combattre les contractions qui occasionnent les résistances directes et s'opposent au ramener.

XII
MOBILISATION DE LA CROUPE.

Le cavalier, pour diriger le cheval, agit directement sur deux de ses parties: l'avant-main et l'arrière-main. Il emploie à cet effet deux agents: les jambes, qui donnent l'impulsion par la croupe; les mains, qui dirigent et modifient cette impulsion par la tête et l'encolure. Un parfait rapport de forces doit donc toujours exister entre ces deux puissances; mais la même harmonie n'est pas moins nécessaire entre les parties de l'animal qu'elles sont particulièrement destinées à impressionner. En vain se sera-t-on efforcé de rendre la tête et l'encolure flexibles, légères, obéissantes au contact du mors, les résultats seront incomplets, l'ensemble et l'équilibre imparfaits, tant que la croupe restera lourde, contractée, rebelle à l'agent direct qui doit la gouverner.

Je viens d'expliquer par quelle sorte de procédés simples et faciles on donnera à l'avant-main les qualités indispensables pour obtenir une bonne position; il me reste à dire comment on assouplira de même l'arrière-main pour compléter l'assouplissement du cheval, et ramener l'ensemble et l'harmonie dans le développement de tous ses ressorts. Les résistances de l'encolure et celles de la croupe se soutenant mutuellement, notre travail deviendra plus facile, puisque nous avons déjà annulé les premières.

1° Le cavalier tiendra les rênes de la bride dans la main gauche, et celles du filet croisées l'une sur l'autre dans la main-droite, les ongles en dessous; il ramènera d'abord la tête du cheval dans sa bonne position par un léger appui du mors; puis, s'il veut exécuter le mouvement à droite, il portera la jambe gauche en arrière des sangles et la fixera près du flanc de l'animal jusqu'à ce que la croupe cède à sa pression. Le cavalier fera sentir la rêne du filet du même côté que la jambe, en proportionnant son effet à la résistance qui lui sera opposée. De ces deux forces imprimées ainsi par la rêne gauche et la jambe du même côté, la première est destinée à combattre les résistances, et la seconde à déterminer le mouvement. On se contentera dans le principe de faire exécuter à la croupe un ou deux pas de côté seulement. (*Planche 14.*)

2° La croupe ayant acquis plus de facilité de mobilisation, on pourra continuer le mouvement de manière à compléter à droite et à gauche des pirouettes renversées. Aussitôt que les hanches céderont à la pression de la jambe, le cavalier fera sentir immédiatement la rêne opposée à cette jambe. Son effet, léger d'abord, sera augmenté progressivement jusqu'à ce que la tête soit inclinée du côté vers lequel marche la croupe, et comme pour la voir venir. (*Planche 15.*)

PLANCHES 14 ET 15

Pour faire bien comprendre ce procédé, j'ajouterai quelques explications d'autant plus importantes qu'elles sont applicables à tous les exercices de l'équitation.

Le cheval, dans tous ses mouvements, ne peut conserver sa légèreté sans une combinaison des forces opposées, habilement ménagée par le cavalier. Dans la pirouette renversée par exemple, si, lorsque le cheval a cédé à la pression de la jambe, on continue à opposer la rêne du même côté que cette jambe, il est évident qu'on dépassera le but, puisqu'on fera usage d'une force devenue inutile. Il faut donc établir deux moteurs dont l'effet se balance sans se contrarier; c'est ce que produira dans la pirouette la tension de la rêne opposée à la jambe. Ainsi on débutera par la rêne et la jambe du même côté, jusqu'à ce que le cheval réponde à la seule pression de la jambe, puis avec la bride tenue dans la main gauche; enfin, avec la rêne du filet ou de la bride opposée à la jambe. Les forces se trouvant alors maintenues dans une position diagonale, l'équilibre sera naturel et l'exécution du mouvement facile. La tête du cheval, inclinée vers le côté où se dirige la croupe, ajoute beaucoup au gracieux du travail, et donne au cavalier plus de facilité pour régler l'activité des hanches et maintenir les épaules en place. L'expérience seule pourra, du reste, lui indiquer l'usage qu'il doit faire de la jambe et de la rêne, de manière que leurs effets se soutiennent sans jamais se contrarier.

Je n'ai pas besoin de rappeler que pendant toute la durée du travail, comme toujours, du reste, la mâchoire doit être mobile. Si, en combattant la contraction de la croupe, nous permettions au cheval d'en rejeter la roideur sur l'avant-main, nos efforts seraient vains et le fruit de nos premiers travaux perdu. Nous faciliterons, au contraire, l'assouplissement de l'arrière-main en conservant les avantages que nous avons acquis sur l'avant-main, et en forçant les contractions que nous avons encore à combattre à rester isolées.

La jambe du cavalier opposée à celle qui détermine la rotation de la croupe ne doit pas demeurer éloignée durant le mouvement, mais rester près du cheval et le contenir en place, en donnant d'arrière en avant une impulsion, que l'autre jambe communique de droite à gauche ou de gauche à droite. Il y aura ainsi une force qui maintiendra le cheval en position, et une autre qui déterminera la rotation. Pour que les deux jambes ne contrarient pas réciproquement les effets de leur pression simultanée, et pour arriver de suite à s'en servir avec ensemble, on placera la jambe chargée de déplacer la croupe plus en arrière des sangles que l'autre, qui restera soutenue avec une force égale à celle de la jambe déterminante. Alors l'action des jambes sera distincte; l'une portera de droite à gauche et l'autre d'arrière en avant. C'est à l'aide de cette dernière que la main place et fixe les jambes de devant.

Afin d'accélérer les résultats, on pourra, dans le commencement, s'adjoindre un second cavalier qui se placera à la hauteur de la tête du cheval, tenant les rênes de la bride dans la main droite et du côté opposé à celui où se portera la croupe. Celui-ci saisira les rênes à seize centimètres des branches du mors, afin d'être à même de combattre les résistances instinctives de l'animal. Le cavalier qui est en selle se contentera alors de soutenir légèrement les rênes du filet, en agissant avec les jambes comme je viens de l'indiquer. Le second cavalier n'est utile que lorsqu'on a affaire à un cheval d'un naturel irritant, ou pour seconder l'inexpérience du cavalier; mais il faut autant que possible se passer d'aide, afin que le praticien juge par lui-même des progrès de son cheval, tout en cherchant les moyens de régulariser l'emploi de ses aides.

Bien que ce travail soit élémentaire, il conduira néanmoins le cheval à exécuter promptement au pas tous les airs de manège de deux pistes. Après huit jours d'un exercice modéré, on accomplira ainsi, sans efforts, un travail que l'ancienne école n'osait essayer qu'après plus d'une année d'étude et de tâtonnements.

Lorsque le cavalier aura habitué la croupe du cheval à céder promptement à la pression des jambes, il sera maître de la mobiliser ou de l'immobiliser à volonté, et pourra, par conséquent, exécuter les pirouettes ordinaires. Il prendra à cet effet une rêne du filet dans chaque main; l'une servira à déterminer l'encolure et les épaules du côté où l'on voudra opérer la conversion, l'autre à seconder la jambe opposée, si elle était insuffisante pour contenir la croupe en place. Dans le principe, cette jambe devra être placée le plus en arrière possible, et n'exercer son contact qu'autant que les hanches se porteraient sur elle. Dès que la croupe est immobile, la jambe opposée devient inutile. Une progression bien ménagée amènera de prompts résultats; on se contentera donc, en débutant, de quelques pas bien exécutés pour l'arrêter par un effet d'ensemble, puis rendre immédiatement au cheval sa liberté d'action, ce qui suppose cinq ou six temps d'arrêt durant la rotation complète des épaules autour de la croupe. Si ce travail est exécuté avec lenteur et ménagements, si la légèreté accompagne tous les mouvements, je garantis des résultats surprenants. Mes élèves livrés à eux-mêmes, ou les personnes qui pratiquent à l'aide du livre seulement, éprouvent souvent des échecs ou des retards dans l'éducation de leurs chevaux: cela provient de ce que l'on passe souvent trop vite d'un exercice à un autre. Aller lentement pour arriver vite, voilà le grand précepte, et, s'il est mis en pratique avec intelligence, il donnera des résultats infaillibles.

Je vais expliquer comment on établira le parfait accord du mécanisme au moyen des effets d'ensemble.

XIII
EFFETS D'ENSEMBLE.

En sollicitant dans de justes limites les forces de l'arrière-main et de l'avant-main, on établit leur opposition exacte ou l'harmonie des forces. On reconnaîtra la justesse de cette opposition des aides toutes les fois que la légèreté sera obtenue sans déplacement, si l'on travaille de pied ferme, sans augmentation et surtout sans diminution d'allure, si l'on est en marche.

Il est essentiel, dans ce travail, d'accorder l'action des jambes et de la main, pour conserver le cheval léger. L'effet d'ensemble doit toujours préparer chaque exercice. En effet, il doit d'abord précéder tout mouvement, puisque, servant à disposer toutes les parties du cheval dans l'ordre le plus exact, il s'ensuit que la force d'impulsion propre au mouvement sera, alors, d'autant plus facilement et sûrement transmise.

Non-seulement les effets d'ensemble sont indispensables pour que ces divers mouvements soient toujours faciles et réguliers, mais encore ils servent à réprimer toute mobilité des extrémités provenant ou non de la volonté du cheval et dans quelques mouvements que ce soit, puisqu'ils facilitent la juste répartition du poids et des forces.

La mise en pratique des effets d'ensemble apprend au cavalier l'accord des aides, et le conduit à parler promptement à l'intelligence du cheval, en faisant apprécier à ce dernier, par des positions exactes, ce que nous voulons exiger de lui. Les caresses de la main et de la voix viendront ensuite comme effet moral. Ayons soin, toutefois, de n'y avoir recours qu'après que les justes exigences des aides auront obtenu les résultats cherchés.

D'après ce que je viens de dire, on comprend que tant que l'assouplissement général du cheval n'est point parfait, les effets d'ensemble ne peuvent être qu'ébauchés. Mais toujours est-il que, dès le début, le cavalier doit commencer à les mettre en pratique, puisque son premier soin doit être de chercher à établir l'accord entre la force qui pousse en avant et celle qui porte en arrière, soit que le travail se fasse de pied ferme ou en marche.

Souvenons-nous que l'abus des meilleurs moyens d'exécution est à craindre.

Ne multiplions donc pas outre mesure les effets d'ensemble, sous peine d'amener l'incertitude dans les mouvements du cheval; et, du reste, établissons en principe que toutes les dépenses de forces, toutes les translations de poids inutiles sont nuisibles aussi bien à l'éducation qu'à l'organisation de l'animal.

XIV
DE L'EMPLOI DE L'ÉPERON.

L'éperon est une aide supérieure à celle des jambes, je l'ai démontré depuis longtemps.

Tous les chevaux doivent arriver à supporter l'éperon.

Le cheval naturellement bien équilibré supporte le contact des jambes et de l'éperon bien plus facilement que celui dont la conformation est défectueuse.

La raison en est simple. Chez le premier, le poids est bien réparti, les forces harmonisées se prêtent un mutuel concours, et le contact des jambes et de l'éperon n'a pour effet que de donner une plus grande intensité à l'action du cheval. Chez le second, au contraire, le poids est mal distribué, les forces divergentes se heurtent, et l'effet des jambes ou de l'éperon est d'augmenter les résistances naturelles du cheval.

Le talent du cavalier consistera à ramener ce cheval à la condition du premier, en détruisant ses résistances par une meilleure répartition du poids et des forces. Alors le cheval supportera, sans la moindre hésitation, le contact des jambes et de l'éperon.

Voici la gradation que je recommande: quand le cheval supportera la pression graduée des jambes du cavalier, celui-ci lui fera sentir l'appui gradué de ses talons dépourvus d'éperons, en place par des effets d'ensemble, et au pas, pour obtenir et entretenir la régularité de l'allure. Lorsque le cheval supportera tranquillement l'appui des talons nus, alors, mais alors seulement, on adaptera l'éperon à la botte, en ayant soin de recouvrir les molettes d'une enveloppe de peau. Le cavalier agira avec ces molettes matelassées comme il a agi avec les talons nus, par appui gradué, et ce n'est que lorsque le cheval supportera avec le plus grand calme l'appui énergique des molettes recouvertes, que le cavalier commencera à se servir des molettes rondes découvertes, par les mêmes pressions progressives.

Cette sage progression préparera tous les chevaux, sans exception, à supporter l'appui de l'éperon, qui, bientôt, deviendra inutile, car le cheval répondra aux moindres pressions des jambes du cavalier.

L'abus de l'éperon aurait les plus grands inconvénients, et comme on l'a déjà dit, «d'éperon est un rasoir dans les mains d'un singe.»

Plus que jamais l'action de la main doit être intelligente et d'accord avec l'emploi de l'éperon.

Les amateurs s'apercevront que, dans cette nouvelle édition, je me suis efforcé de rendre plus facile l'application de mes principes en les réduisant à leur plus simple expression.

XV
EMPLOI PAR LE CAVALIER DES FORCES DU CHEVAL POUR LES DIFFÉRENTES ALLURES.

Lorsque le travail qui précède aura disposé les forces du cheval au point de nous les soumettre, l'animal sera entre nos mains un instrument docile attendant, pour fonctionner, l'impulsion qu'il nous plaira de lui communiquer. Ce sera donc à nous, dispensateurs souverains de tous ses ressorts, à combiner leur emploi dans les justes proportions des mouvements que nous voudrons exécuter.

Le jeune cheval, roide d'abord et maladroit dans l'usage de ses membres, aura besoin, pour les développer, de certains ménagements. Ici, comme toujours, nous suivrons cette progression rationnelle qui veut que l'on commence par le simple avant de passer au composé. Nous avons, par le travail qui précède, assuré nos moyens d'action sur le cheval; il faut nous occuper maintenant de faciliter ses moyens d'exécution, en exerçant l'ensemble de ses ressorts. Si l'animal répond aux aides du cavalier par la mâchoire, l'encolure et les hanches; s'il cède par la disposition générale de son corps aux impulsions qui lui sont communiquées; si le jeu de ses extrémités est facile et régulier, le mécanisme de tout l'ensemble aura une harmonie parfaite aux différentes allures. Ce sont ces qualités indispensables qui constituent une bonne éducation.

XVI
DU PAS.

L'allure du pas est la mère de toutes les allures; c'est par elle qu'on obtiendra la cadence, la régularité, l'extension des autres; mais le cavalier, pour arriver à ces brillants résultats, devra déployer autant de savoir que de tact. Les exercices précédents ont conduit le cheval à supporter des effets d'ensemble qui eussent été impossibles avant d'avoir détruit ses résistances instinctives; nous n'avons plus à agir aujourd'hui que sur les résistances inertes qui tiennent au poids de l'animal et sur les forces qui ne se meuvent qu'à l'aide d'une impulsion communiquée.

Avant de porter le cheval en avant, on devra s'assurer d'abord s'il est léger, c'est-à-dire droit d'épaules et de hanches. On approchera ensuite graduellement les jambes pour donner au cheval l'impulsion nécessaire au mouvement. Le cavalier se souviendra toujours que la main doit être pour le cheval une barrière infranchissable chaque fois que celui-ci voudra sortir de la position de ramener. L'animal ne l'essayera jamais sans ressentir une impression désagréable[9]. L'application bien entendue de ma méthode amène ainsi le cavalier à conduire constamment son cheval avec les rênes demi-tendues, excepté lorsqu'il veut rectifier un faux mouvement ou en déterminer un nouveau.

Le pas, ai-je dit, doit précéder les autres allures, parce que son action est moins considérable que pour le trot ou le galop, et plus facile par conséquent à régler.

Pour que la cadence et la vitesse du pas se maintiennent égales et régulières, il est indispensable que les puissances impulsives et modératrices du cavalier soient elles-mêmes parfaitement harmonisées. Je suppose, par exemple, que le cavalier, pour porter son cheval en avant au pas et le maintenir léger à cette allure, doive employer une force égale à quatre kilogrammes, dont trois pour l'impulsion et un pour le ramener. Si les jambes dépassent leur effet sans que les mains augmentent le leur dans les mêmes proportions, il est évident que le surcroît de force communiquée pourra se rejeter sur l'encolure, la contracter, et dès lors plus de légèreté. Si, au contraire, c'est la main qui agit avec trop de puissance, elle prendra sur l'impulsion nécessaire à la marche; celle-ci, par cela même, se trouvera contrariée, ralentie en même temps que la position du cheval perdra de son gracieux et de son énergie. En effet, que doit comprendre le cheval dans ces deux cas, sinon que dans le premier il doit accélérer, et dans le second ralentir son allure? Le cavalier voit donc que c'est toujours lui qui est responsable quand son cheval comprend mal.

Cette courte explication suffit à démontrer combien il est important de conserver toujours un accord parfait entre les jambes et les mains. Il est bien entendu que leur effet devra varier suivant que la construction du cheval obligera de le soutenir plus ou moins à l'avant ou à l'arrière-main; mais la règle restera la même avec des proportions différentes.

Tant que le cheval ne se maintiendra pas souple et léger dans sa marche, on continuera à l'exercer sur la ligne droite, et on terminera chaque leçon par quelques pas de reculer.

XVII
DU RECULER.

La mobilité rétrograde, autrement dit le reculer, est un exercice dont on n'a pas assez apprécié l'importance, et qui cependant doit avoir une très-grande influence sur l'éducation du cheval. Le reculer diffère essentiellement de cette mauvaise impulsion rétrograde qui porte le cheval en arrière avec la croupe contractée, l'encolure tendue et la mâchoire serrée: ceci est de l'acculement. Le vrai reculer assouplit le cheval, et contribue puissamment à la prompte et juste répartition du poids et des forces.

Le cavalier, avant de commencer le reculer, devra d'abord s'assurer si les hanches sont sur la ligne des épaules, et si le cheval est léger à la main; puis il rapprochera lentement les jambes, pour que l'action qu'elles communiquent à l'arrière-main fasse quitter le sol à une des jambes postérieures, et que le corps ne cède qu'après la tête et l'encolure. C'est alors que la pression immédiate du mors, forçant le cheval à reprendre son équilibre en arrière, produira le premier temps du reculer. Dès que le cheval obéira, le cavalier rendra immédiatement la main pour récompenser l'animal et ne pas forcer le jeu de sa partie postérieure. Si la croupe déviait de la ligne droite, il la ramènerait à l'aide du filet du même côté, employant au besoin la jambe.

Il suffira d'exercer pendant huit jours (à cinq minutes par leçon) le cheval au reculer, pour l'amener à l'exécuter avec facilité. On se contentera, les premières fois, d'un pas en arrière, puis de deux, puis de trois, progressivement, suivis d'un effet d'ensemble, jusqu'à ce qu'il n'éprouve pas plus de difficultés pour cette marche rétrograde que pour la marche en avant. Le cavalier est souvent dans l'erreur sur les causes d'acculement de sa monture. Quand il croit le cheval acculé par les forces et par le poids, il ne l'est souvent que par les forces seulement, et, dans ce cas, l'avant-main est surchargé plus qu'il ne devrait l'être; s'il continuait à porter le cheval sur la main, il est constant que la vraie légèreté serait impossible, puisque le poids est la cause de la résistance. Il sera donc urgent de porter le cheval en arrière plutôt qu'en avant.

On pourra se convaincre de la vérité de ce fait, en forçant le cheval à reculer, bien qu'en apparence il se prête à ce mouvement. Quelques pas rétrogrades amèneront une résistance qui prouvera que le poids est sur l'avant-main. Si, au contraire, le poids et les forces étaient refoulés sur l'arrière-main, le cheval vous entraînerait en arrière, et la cabrade en serait le résultat. Dans ce cas, il faudrait porter le cheval en avant.

Il est un fait incontestable, c'est que pour le maintien de l'équilibre du cheval, le poids et les forces doivent être en harmonie. La légèreté ne saurait donc être obtenue, tant qu'il y aura lutte ou manque d'accord entre ces deux puissances.

XVIII
TRAVAIL SUR LES HANCHES.

Peu de personnes comprennent les difficultés que présente ce travail; elles l'estiment d'autant moins qu'elles ne connaissent ni les services ni les résultats qu'on en peut obtenir. Comme on se figure que ce n'est qu'un exercice de parade, chacun l'essaye à sa manière sans chercher à l'utiliser, soit pour l'éducation du cheval, soit pour l'agrément du cavalier: c'est cependant là le but qu'il faudrait se proposer.

Tout cheval marche, trotte et galope naturellement, mais l'art perfectionne les allures et leur donne le liant et la légèreté qu'elles sont susceptibles d'acquérir.

Le travail de deux pistes n'étant pas naturel au cheval, présente, par cela seul, des difficultés bien plus grandes; il serait même impossible de l'obtenir régulièrement sans le secours de l'éducation première, qui tend à placer le cheval et à l'amener à supporter des commencements de rassembler. Mais aussi, quand on l'exécute, il a pour résultat de faire ressortir ses formes, et de lui donner cette légèreté, cette justesse de mouvements, qui le font répondre aux plus imperceptibles actions du cavalier.

Je pourrais, à la rigueur, me dispenser de dire ce qu'on appelle airs de manége, si les auteurs qui ont écrit sur ce sujet avaient fait connaître autre chose que la nomenclature des figures; mais comme ils n'ont indiqué ni comment le cheval doit être placé, ni comment il faut s'y prendre pour que l'exécution en soit régulière, je m'efforcerai de réparer leur oubli: je dirai donc que l'écuyer qui fera exécuter avec précision des lignes droites de deux pistes obtiendra, sans de grands efforts, des lignes circulaires, si, toutefois, il a exercé préalablement son cheval aux pirouettes renversées ou ordinaires.

Aussitôt que la mobilité de la mâchoire et la souplesse des reins auront préparé le cheval à prendre facilement tous les changements de direction, on pourra commencer le travail sur les hanches.

Il ne faut faire exécuter au cheval qu'un pas de deux pistes, puis deux, ensuite trois, etc.

D'abord le cavalier se servira de la rêne de filet et de la jambe du même côté, c'est-à-dire opposées à la direction dans laquelle marche le cheval. Bien que la position qui en résulte soit contraire à la belle attitude que l'animal doit conserver pendant un travail régulier, on continuera néanmoins cet effet de la main jusqu'à ce que le cheval ne résiste plus à la jambe. Bientôt après, la rêne du filet ou de la bride du côté déterminant servira à placer le cheval et à régulariser le mouvement. Puis, à l'écartement de la rêne succédera sa pression sur l'encolure. Le travail sera parfait dès que le cavalier saura combiner l'action des jambes avec ce nouvel effet de rênes. Il devra, pour commencer le mouvement, s'attacher à soutenir préalablement la jambe du côté où le cheval doit marcher, afin d'éviter que la croupe ne précède les épaules. Par exemple: pour marcher à droite? jambe droite d'abord, main portée à droite, et jambe gauche. Il est inutile que je recommande la plus grande rapidité dans cet emploi successif des aides.

Les pas de côté ne laissant plus rien à désirer, on les pratiquera au trot, puis au galop, après avoir exercé le cheval à ces allures, pour lesquelles on graduera ce travail comme pour le pas.

Les descentes de main, les descentes de main et de jambes, en complétant les pas de côté, les amèneront à leur parfaite exécution. Il faut bien s'attacher à la régularité des premiers pas de côté. Le cheval doit travailler avec la même facilité aux deux mains. L'écuyer sentira le côté qui résiste davantage, et il saura promptement vaincre cette résistance en l'exerçant plus fréquemment.

On conçoit que si le cheval se porte d'une jambe sur l'autre, avec une vitesse égale à celle du contact qu'il reçoit, il pourra exécuter tous les airs de manége.

Pour que les pas de côté soient réguliers, il faut: 1° que le cheval soit toujours dans la main; 2° que ses épaules et sa croupe soient toujours sur la même ligne; 3° que le passage des jambes se fasse de telle sorte que celles qui marchent les dernières passent par-dessus celles qui entament le mouvement. C'est-à-dire que la jambe de devant du côté où l'on détermine, quitte le sol la première et soit suivie par la jambe opposée de derrière; il faut aussi que la tête du cheval soit légèrement portée du côté où il marche, afin qu'il puisse voir le terrain sur lequel il chemine.

Cette dernière position, qui le rend plus gracieux, servira aussi au cavalier pour modérer la marche des épaules de l'animal, ou leur donner plus d'activité.

C'est aussi avec cette attitude qu'il pourra régler et surtout cadencer ses mouvements.

Pour que le cheval demeure dans le juste équilibre qu'exige cet exercice, le cavalier doit se servir de ses deux jambes pour conserver l'harmonie et la régularité d'action dans l'avant et l'arrière-main. Si c'est la jambe gauche qui pousse la masse à droite, c'est la jambe droite qui sert à l'enlever et à la porter en avant; elle modère l'action de la jambe gauche, maintient le cheval dans la main, l'empêche de reculer, le porte en avant, diminue ou augmente le passage d'une jambe sur l'autre et assure ainsi la cadence gracieuse et régulière du mouvement.

XIX
DU TROT.

Le cavalier engagera d'abord cette allure très-modérément, en suivant exactement les mêmes principes que pour le pas. Il maintiendra son cheval parfaitement léger, sans oublier que plus l'allure est vive, plus l'animal a de dispositions à retomber dans ses contractions naturelles. La main devra donc redoubler d'habileté, afin de conserver toujours la même légèreté, sans nuire cependant à l'impulsion nécessaire au mouvement. Les jambes seconderont la main, et le cheval, renfermé entre ces deux barrières qui ne feront obstacle qu'à ses mauvaises dispositions, développera bientôt toutes ses belles facultés, et acquerra, avec la cadence du mouvement, la grâce et la vitesse.

Il est évident que le cheval bien équilibré doit trotter plus vite que celui qui n'a pas cet avantage.

La condition indispensable à un bon trotteur est l'équilibre exact du corps, équilibre qui entretient le mouvement régulier des deux bipèdes diagonaux, donne une élévation et une extension égales, avec une légèreté telle, que l'animal peut exécuter facilement tous les changements de direction, se ralentir, s'arrêter, ou accélérer sans efforts sa vitesse. Le devant alors n'a pas l'air de traîner à la remorque le derrière; tout devient aisé, gracieux pour le cheval, parce que ses forces, étant bien harmonisées, permettent au cavalier de les disposer de manière qu'elles se prêtent un secours mutuel et constant.

Il me serait impossible de citer le nombre de chevaux dont les allures avaient été tellement faussées, qu'il leur était impossible d'exécuter un seul temps de trot. Quelques leçons ont toujours suffi pour remettre ces animaux à des allures régulières.

Il suffira, pour habituer le cheval à bien trotter, de l'exercer à cette allure cinq minutes seulement pendant chaque leçon. Lorsqu'il aura acquis l'aisance et la légèreté nécessaires, on pourra lui faire conserver cette allure en pratiquant des descentes de main. J'ai dit que cinq minutes de trot suffiraient d'abord, parce que c'est moins la continuité d'un exercice que la rectitude des procédés qui produit la bonne exécution. Le cheval se prêtera mieux à un travail modéré et de courte durée; son intelligence elle-même, en se familiarisant avec cette sage progression, hâtera le succès. Il se soumettra sans répugnance et avec calme à un travail qui n'aura rien de pénible pour lui, et l'on pourra pousser ainsi son éducation jusqu'aux dernières limites, non-seulement en conservant intacte son organisation physique, mais en rétablissant dans leur état normal les parties qu'aurait pu détériorer un travail forcé. Ce développement régulier et général du mécanisme du cheval lui donnera, avec la grâce, la force et la santé, et prolongera ainsi ses services, en centuplant les jouissances du véritable écuyer.

XX
DESCENTE DE MAIN, DESCENTE DE JAMBES, DESCENTE DE MAIN ET DE JAMBES.

Ce que j'ai dit d'une main savante ou ignorante s'applique également aux jambes.

La gradation des pressions qu'elles devront exercer sera, suivant le cas, appréciée par l'intelligence équestre du cavalier, et cette appréciation, plus ou moins juste, constituera leur science ou leur ignorance.

Cependant, cherchons, autant que possible, les moyens de combiner l'action des mains et des jambes, afin que leur entente parfaite atteigne un but précis et évite ce travail sans fin que produisent leurs fautes réciproques. Pour bien déterminer le rôle de la main et des jambes, nous allons les faire agir isolément. Puis, pour constater leur judicieux emploi, nous verrons si le cheval a été parfaitement équilibré, en lui faisant continuer des mouvements réguliers, sans l'aide de la main et des jambes.

Ces descentes de main et de jambes ont une importance majeure; on devra donc les pratiquer fréquemment.

La descente de main contribue à faire conserver au cheval son équilibre sans le secours des rênes.

On pratiquera la descente de main comme suit:

Après avoir glissé la main droite jusqu'à la jonction des rênes, et s'être assuré de leur égalité, on les lâchera de la main gauche, et la droite se baissera lentement jusque sur le devant de la selle. Pour que cet exercice soit régulier, il faudra qu'il n'altère en rien ni l'allure ni la position. Peut-être, dans le principe, le cheval, livré ainsi à lui-même, ne conservera-t-il que pendant quelques pas la régularité de l'allure et de la position. Dans ce cas, le cavalier fera sentir soit les jambes soit la main, pour ramener le cheval dans ses conditions premières.

Pour la descente de jambes: celles-ci se relâcheront, la main soutiendra les rênes afin de leur donner une tension égale. Il est évident que, pour la régularité de ce mouvement, le cheval devra, en se passant de l'aide de jambes, conserver sans altération allure et position.

Puis on arrivera à la descente simultanée de la main et des jambes. Le cheval, libre de toute espèce d'aides, devra néanmoins, comme dans les cas ci-dessus, conserver la même allure et la même position au pas, au trot et au galop.

Le cavalier trouvant dans sa monture une disposition évidente à l'obéissance, emploie la plus grande délicatesse dans ses moyens de direction, et son intention à peine indiquée est néanmoins comprise. De ces rapports entre l'homme et l'animal, il résulte pour ce dernier une apparence de liberté qui lui inspire une noble confiance. Il s'assujettit, mais à son insu, et notre esclave soumis peut croire à sa complète indépendance.

XXI
TRAVAIL A LA CHAMBRIÈRE.

La chambrière a été employée jusqu'ici comme moyen de correction; j'en ai fait un moyen assuré de calmer les chevaux les plus ardents; elle est aussi très-utile pour obtenir les premiers temps du rassembler.

Voici comment je l'emploie:

Placez-vous du côté montoir, à la tête du cheval; tenez les rênes du filet, le corps droit, le visage calme et l'œil bienveillant. La chambrière, tenue dans la main droite, sera levée lentement; la lanière sera placée doucement sur le dos de l'animal. Si, lors du contact, le cheval cherche à s'y soustraire par un acte quelconque, la main, par un mouvement assez vif de gauche à droite et de droite à gauche, arrêtera bientôt cet acte de désobéissance. Le cheval, devenu calme et immobile, supportera le contact de la lanière flottant sur son dos, et amenée graduellement jusque sur la queue.

On continuera cet exercice jusqu'à ce que le cheval ne manifeste plus aucune crainte et reste entièrement calme.

Tel est l'effet des procédés employés avec intelligence; le cheval les comprend, s'en souvient et s'y soumet sans peine: aussi l'emploi de la chambrière, de correctif qu'il était, deviendra le modérateur le plus efficace. C'est alors que sera venu le moment d'obtenir de légers effets de rassembler. On y parviendra au moyen de quelques appels de langue et d'un mouvement de la chambrière agitée à côté de la croupe du cheval. On se contentera d'une légère mobilité, puis on arrêtera le cheval par l'exclamation modérée de holà! et en lui glissant la chambrière sur le dos; de manière que ce dernier moyen soit plus tard le seul employé et qu'il suffise d'un léger contact de la chambrière pour immobiliser l'animal.

Le rassembler, devenant plus facile, amènera tout naturellement des apparences de piaffer dont le cavalier devra se contenter. Si, ce qui doit être notre but constant, la légèreté s'obtient en même temps, nous aurons pour conséquence l'équilibre du poids et des forces.

L'influence de ce *travail* est très-grande sur le moral des chevaux; quelques-uns qui ruaient, étant attelés, ont été corrigés de ce défaut en cinq ou six leçons. Dans le commencement, le cheval, étonné, se livre parfois à des mouvements assez brusques; le cavalier ne doit pas se laisser intimider, et bientôt le cheval le plus fougueux deviendra calme, soumis et obéissant.

XXII
DU RASSEMBLER.

Comment définit-on le rassembler dans les écoles d'équitation? *On rassemble son cheval en élevant la main et en tenant les jambes près.* Je le demande, à quoi pourra servir ce mouvement du cavalier sur un animal mal conformé, contracté, et qui reste livré à toutes les mauvaises propensions de sa nature? Cet appui machinal des mains et des jambes, loin de préparer le cheval à l'obéissance, n'aura d'autre effet que de doubler les moyens de résistance, puisqu'en l'avertissant qu'on va exiger de lui un mouvement, on reste dans l'impuissance de disposer ses forces de manière à l'y astreindre.

Le véritable rassembler consiste à réunir au centre les forces du cheval, pour faciliter plus ou moins le rapprochement des jambes de derrière, du milieu du corps. Il y a plusieurs degrés de rassembler, indispensables à la facilité et à la justesse des différentes allures et des différents airs de manége.

Pour bien nous faire comprendre, nous établirons l'échelle suivante:

Avant-main.	**Centre.**	**Arrière-main.**

|	| | | | | | |
|	| | | | | | |
|	6 5 4 3 2 1 0
|	

Je dirai encore une fois qu'avant de commencer ces effets de rassembler, il faut nécessairement que le cheval soit parfaitement léger à la main; alors il sera facile de diminuer, sans contrainte pénible, la marche des jambes de devant et d'augmenter celle des jambes de derrière. Les premiers effets de rassembler qui amèneront les jambes de derrière aux degrés 1, 2, 3, seront utiles aux allures du trot cadencé ou allongé, du galop modéré. Ce rassembler peut s'obtenir en travaillant au pas avec le concours des jambes et même de l'éperon, si l'action des jambes était insuffisante; la main devra détruire toutes les contractions nuisibles qui pourraient se produire, et faciliter ainsi le juste équilibre utile au rassembler. C'est par l'emploi de ces moyens qu'on arrivera à obtenir que les jambes de derrière gagnent en vitesse sur celles de devant. Quant au rassembler plus complet, dans lequel les jambes de derrière atteignent les degrés 4, 5, 6, il faut, pour l'obtenir, arrêter le cheval et multiplier les oppositions de main et de jambes ou d'éperons, jusqu'à ce qu'il se mobilise, autant que possible, sans avancer, ou n'avancer qu'imperceptiblement, puis l'arrêter par un effet d'ensemble. La répétition fréquente de cette mobilité plus ou moins régulière des jambes conduira insensiblement au rassembler le plus complet, et ce rassembler donnera pour résultat naturel le piaffer avec rhythme, mesure et cadence. Si le cheval est bien conformé, le rassembler s'obtiendra facilement et bientôt après les grandes difficultés de l'équitation qui en dépendent. Reste à savoir s'il est possible de les aborder lorsqu'on a pour sujet un cheval de construction médiocre, c'est-à-dire possédant une partie des défauts ci-après: les hanches courtes, les reins longs et faibles, la croupe basse, ou trop haute par rapport au garrot, les cuisses effilées, les jarrets plus ou moins coudés, trop rapprochés ou trop éloignés l'un de l'autre, trop ou trop peu d'action; je suis forcé d'avouer que ces sortes de chevaux présentent de grandes difficultés; mais, en les surmontant, l'on prouve que l'on est non-seulement écuyer, mais encore homme d'intelligence, de sens et de conception équestre.

J'ai déjà expliqué et démontré que le cheval n'a pas la bouche dure; j'ai dit que la faiblesse des reins, la mauvaise disposition de l'arrière-main sont en général les seules causes des résistances que présente le cheval. En effet, si la longueur des reins, par exemple, éloigne les jambes de derrière de la place qu'elles devraient occuper pour que le mouvement soit régulier, la flexion et l'extension des jarrets qui reçoivent le poids et le rejettent en avant ne peuvent se faire que péniblement; c'est pour remédier à ces inconvénients qui rendraient toute belle éducation impossible, qu'il faut avoir recours aux premiers effets du rassembler, une fois la mise en main obtenue; dans ce cas, les jambes de derrière se rapprocheront du centre et se trouveront à la place qu'elles occupent naturellement chez les chevaux bien conformés. Pourquoi certains chevaux résistent-ils par la mâchoire et l'encolure? Parce que les reins, les hanches et les jarrets, fonctionnant mal, s'opposent à la translation régulière du poids. Ce qui confirme ce principe, c'est que plus un cheval a de légèreté et de mobilité naturelle dans la mâchoire, plus sa conformation se rapproche de la perfection; dans ce cas, ses dispositions physiques sont dans de bonnes proportions pour obtenir immédiatement un juste équilibre: aussi le rassembler complet, facile pour les bonnes constructions, devient-il d'une difficulté très-grande pour les constructions médiocres. Il faut employer des moyens bien méthodiques et être doué d'un grand tact pour amener ces sortes de chevaux à exécuter un travail compliqué et précis. Je dirai même qu'une semblable tâche serait sans succès, si elle était entreprise par un cavalier qui ne pratiquerait pas la méthode dans tous ses détails et dans son ensemble. Le cheval mal conformé n'acquiert jamais la grâce du cheval bien équilibré naturellement; mais combien il est beau pour les spectateurs habiles et érudits! Voilà le merveilleux résultat de l'équitation: *L'art a fait plus que la nature.*

Le rassembler complet, c'est-à-dire celui qui amène les jambes de derrière aux degrés de 4 et 6, sert au piaffer, au passage en avant et en arrière, au galop raccourci, espèce de terre-à-terre, aux pirouettes ordinaires, au galop en arrière, etc., etc. Il est indispensable à tous les mouvements ascensionnels, puisque dans cette position les jarrets exécutent plus facilement la flexion de bas en haut que celle d'arrière en avant, ce qui prouve qu'une fois le rassembler complet obtenu, le cheval peut exécuter les mouvements les plus difficiles, sans que cela lui soit pénible, et sans porter atteinte à sa construction; ses poses sont toujours justes, ses points d'appui exacts, et ses mouvements toujours gracieux.

L'animal se trouve alors transformé en une sorte de balance, dont l'avant-main et l'arrière-main représentent les deux plateaux, et il suffira du moindre appui sur l'un des deux pour les déterminer immédiatement dans la direction qu'on voudra leur imprimer. Le cavalier reconnaîtra que le rassembler est complet lorsqu'il sentira le cheval prêt, pour ainsi dire, à s'enlever des quatre jambes. C'est avec ce travail qu'on donne à l'animal le brillant, la grâce et la majesté; ce n'est plus le même cheval, la transformation est complète. Si nous avons dû employer l'éperon pour pousser d'abord jusque sur ses dernières limites cette concentration de forces, les jambes suffiront par la suite pour obtenir le rassembler nécessaire à la cadence et à l'élévation de tous les mouvements compliqués.

Ai-je besoin de recommander la discrétion dans ce travail? Si le cavalier, arrivé à ce point de l'éducation de son cheval, ne sait pas comprendre et saisir de lui-même la finesse de tact, la délicatesse de procédés indispensables à la bonne application de ces principes, ce sera une preuve qu'il est dénué de tout sentiment équestre, et tous mes conseils ne sauraient remédier à cette imperfection de sa nature.

XXIII
DU GALOP.

J'ai parlé longuement du galop dans le dictionnaire; je me bornerai ici à donner quelques conseils qui pourront accélérer l'éducation du cheval. Je suppose que le cavalier a suivi la progression que j'ai indiquée, et que son cheval est léger à la main, droit d'épaules et de hanches, familiarisé avec les jambes, l'éperon, et supportant les deux premiers degrés du rassembler, etc. Évidemment ce cheval est préparé pour le galop, et pourvu que le cavalier ne commette pas de fautes graves, il suffira de quelques leçons pour que le cheval prenne la position pour partir sur le pied droit et sur le gauche. Examinons les fautes que peut commettre le cavalier. Il veut faire partir son cheval sur le pied droit, je suppose, et par *négligence* ou *manque de tact* il le dispose à partir sur le pied gauche, nécessairement le départ aura lieu sur le pied gauche: première faute commise. Si le cavalier s'en aperçoit, et qu'il arrête de suite son cheval, pour lui donner la position juste qui déterminera le départ sur le pied droit, cette première faute sera réparée. Mais si le cavalier ne s'aperçoit de sa faute qu'après quelques foulées de galop, et qu'il arrête son cheval, celui-ci ne pourra pas distinguer si l'arrêt a lieu parce que tel est le bon plaisir de son maître, ou s'il est la répression un peu tardive de la faute commise. On comprend quel retard dans l'éducation du cheval apportera ce manque de tact ou de science du cavalier.

Non-seulement le cavalier évitera de commettre les fautes que je viens de signaler, mais il s'attachera avant tout à prévenir les faux départs, puisque chaque mouvement est le résultat d'une position qui elle-même est la conséquence d'une juste répartition du poids et de la force de l'animal. Il devra d'abord donner au cheval la position indispensable pour le départ sur le pied droit. En suivant ce principe, qui est la base de la science de l'équitation, il oblige le cheval à bien faire, et il obtient en quelques leçons les départs faciles, réguliers sur tel ou tel pied.

Les premières fois, comme l'allure du galop prédispose le cheval à une certaine résistance, il devra employer, avec des nuances différentes, les deux forces directes, jambe gauche et rêne gauche, afin de combattre ces résistances qu'entraîne toujours un équilibre qui n'est pas exact, et donner au cheval la position qui lui permettra de partir sur le pied droit. Mais, dès que les départs deviendront faciles, le cavalier remplacera les forces directes par les forces opposées, jambe droite et main portée à gauche. Puisqu'il n'y a plus de résistance, l'emploi des forces directes aurait pour effet de détruire l'équilibre devenu meilleur. Bon dans le premier cas, cet emploi des forces directes deviendrait nuisible dans le second: aussi le cavalier n'aura plus recours qu'à la jambe droite pour le départ sur le pied droit, et à la jambe gauche pour le départ sur le pied gauche.—Je crois inutile d'insister sur les avantages que les cavaliers intelligents et doués de tact retireront de cette sage progression, où rien n'est laissé au hasard.

XXIV
SAUT DE FOSSÉ ET DE BARRIÈRE.

Tous les chevaux peuvent sauter, et l'élan est proportionné à leur énergie et à leurs dispositions naturelles. Toutes les combinaisons de la science ne peuvent remplacer ces conditions premières; mais je dis que par l'éducation bien dirigée tous les chevaux peuvent apprendre à mieux sauter.

Le point capital est d'amener le cheval à essayer de bonne volonté ce travail. Si l'on suit ponctuellement tous les procédés que j'ai indiqués pour maîtriser les forces instinctives de l'animal et le mettre sous l'influence des nôtres, on reconnaîtra l'utilité de cette progression par la facilité qu'on aura à faire franchir au cheval les obstacles qui se rencontreront sur sa route. Du reste, il ne faut jamais, en cas de lutte, recourir aux moyens violents, tels que la chambrière, ni chercher à exciter l'animal par des cris; cela ne pourrait produire qu'un effet moral propre à l'effrayer. Néanmoins l'exclamation: *Hop!* émise avec tact au moment où le cheval doit s'enlever, lui donnera un encouragement utile. Mais on devra s'abstenir de tous cris, si l'on est pas certain de les émettre en temps opportun, car ils seraient un obstacle à la régularité de l'élan de l'animal. Or, c'est au moyen des aides que nous devons avant tout l'amener à l'obéissance, puisqu'elles peuvent seules le mettre à même de comprendre et d'exécuter. On doit donc lutter avec calme, et chercher à surmonter les forces qui le portent au refus, en agissant directement sur elles. On attendra, pour faire sauter un cheval, qu'il réponde franchement aux jambes et à l'éperon, afin d'avoir toujours un moyen assuré de domination.

La barrière restera par terre jusqu'à ce que le cheval la passe sans hésitation; on l'élèvera ensuite de quelques centimètres, en augmentant progressivement la hauteur jusqu'au point que l'animal pourra franchir sans de trop violents efforts. Dépasser cette juste limite, serait s'exposer à faire naître chez le cheval un dégoût que l'on doit éviter avec un grand soin. La barrière ainsi élevée avec ménagement devra être fixée pour que le cheval, disposé à l'apathie, ne se fasse pas un jeu d'un obstacle qui ne serait plus sérieux dès l'instant où le contact de ses extrémités suffirait pour le renverser. La barrière ne devra être recouverte d'aucune enveloppe propre à diminuer sa dureté; l'on doit être sévère lorsqu'on exige des choses possibles, et éviter les abus qu'entraîne toujours une complaisance irréfléchie.

Avant de se préparer à sauter, le cavalier se soutiendra avec assez d'énergie pour que son corps ne précède pas le mouvement du cheval. Ses reins seront souples, ses fesses bien fixées sur la selle, ses cuisses et ses jambes enveloppant exactement le corps du cheval, afin qu'il n'éprouve ni choc ni réaction violente. La main, dans sa position naturelle, tiendra les rênes de manière à sentir la bouche du cheval pour juger des effets d'impulsion. C'est dans cette position que le cavalier conduira l'animal sur l'obstacle; si celui-ci y arrive avec la même franchise d'allure, une légère opposition des mains et des jambes facilitera l'élévation de l'avant-main et l'élan de l'extrémité postérieure. Dès que le cheval est enlevé, la main cesse son effet, pour se soutenir de nouveau lorsque les jambes de devant arrivent sur le sol, afin de les empêcher de fléchir sous le poids du corps.

On se contentera d'exécuter quelques sauts en harmonie avec les ressources du cheval, et on évitera surtout de pousser la bravade jusqu'à vouloir contraindre l'animal à franchir des obstacles au-dessus de ses forces. J'ai connu de très-bons sauteurs qu'on est parvenu à rebuter ainsi pour toujours, et que nuls efforts ne pouvaient plus décider à franchir des hauteurs ou des distances de moitié inférieures à celles qu'ils sautaient aisément dans le principe.

Je viens recommander un procédé plus efficace, plus méthodique pour apprendre à tous les chevaux à mieux sauter. Je fais tenir par deux hommes, loin du mur, une barre *nue*, à 6 pouces du sol. Le cavalier marche au pas vers cette barre, et au moment où le cheval, aidé par son cavalier, franchit, les deux hommes *élèvent la barre de 6 pouces.* Je fais recommencer jusqu'à ce que le cheval franchisse la barre sans la toucher, malgré l'exhaussement répété à chaque saut. Alors je fais tenir la barre à un pied au-dessus du sol, et, comme précédemment, elle sera élevée de 6 pouces au moment du saut. Dès que le cheval sera habitué à franchir cette nouvelle hauteur, je fais graduellement tenir la barre 6 pouces plus haut, en la faisant exhausser de 6 pouces à chaque saut, et j'arrive, après quelques leçons données avec la gradation précitée, à faire sauter à tous les chevaux, *en hauteur*, des obstacles qu'ils n'auraient jamais pu franchir. Ce procédé simple et bien appliqué sera utile même aux chevaux exceptionnels, tels que les chevaux de steeple-chase, en leur apprenant à mieux revenir sur eux pour prendre le temps, et il rendra les chutes moins fréquentes et moins dangereuses.

XXV
DU PIAFFER.

Tous les chevaux peuvent piaffer régulièrement; mais ils ne peuvent, tous, avoir la même élévation, la même élégance. Je distingue trois genres de piaffer: le piaffer lent, le piaffer précipité, le piaffer dépité. Le piaffer est régulier, lorsque chaque bipède diagonale se lève et retombe sur le sol à des intervalles égaux. L'animal ne doit pas se porter plus sur la main que sur les jambes du cavalier, afin de conserver la justesse de la balance hippique.

Lorsque le cheval est préparé par le rassembler, il suffit, pour amener un commencement de piaffer, de communiquer au cheval, avec les jambes, une vibration légère d'abord, mais souvent réitérée. J'entends par vibration une surexcitation de forces, que le cavalier doit toujours régler.

Une fois la mobilité des jambes obtenue, on pourra commencer à en régler, à en distancer la cadence. Ici encore, je chercherais vainement à indiquer avec la plume le degré de délicatesse nécessaire dans les procédés du cavalier, puisque ses effets doivent se reproduire avec une grande justesse et un à-propos sans égal. C'est par l'appui alterné des deux jambes qu'il arrivera à prolonger les balancements du corps du cheval, de manière à le maintenir plus longtemps sur l'un ou l'autre bipède. Il saisira le moment où le cheval se préparera à prendre son appui sur le sol, pour faire sentir la pression de sa jambe du même côté et augmenter l'inclinaison de l'animal dans le même sens. Si ce temps est bien saisi, le cheval se balancera lentement, et la cadence acquerra cette élévation si propre à faire ressortir toute sa noblesse et toute sa majesté. Ces temps de jambes sont difficiles et demandent une grande pratique; mais leurs résultats sont trop brillants pour que le cavalier ne s'efforce pas d'en saisir les nuances.

Le mouvement précipité des jambes du cavalier accélère aussi le piaffer. C'est donc lui qui règle à volonté le plus ou moins de vitesse de la cadence. Le travail du piaffer n'est brillant et complet que lorsque le cheval l'exécute sans répugnance, ce qui a toujours lieu quand l'harmonie du poids et des forces, utile à la cadence, se conserve.

XXVI
DIVISION DU TRAVAIL.

Je viens de développer tous les moyens à employer pour compléter l'éducation du cheval; il me reste à dire comment l'écuyer devra diviser son temps pour lier entre eux les divers exercices et pour passer du simple au composé. 50 jours de travail à 2 leçons par jour d'une demi-heure, trois quarts d'heure au plus suffiront pour amener le cheval le plus neuf à exécuter régulièrement tous les exercices qui précèdent. Je tiens à deux courtes leçons, l'une le matin, l'autre dans l'après-midi; elles sont nécessaires pour obtenir d'excellents résultats. On dégoûte un jeune cheval en le tenant trop longtemps sur des exercices qui le fatiguent d'autant plus que son intelligence est moins préparée à comprendre ce qu'on exige de lui.

Je conseille de donner deux courtes leçons par jour, parce que, selon moi, un intervalle de vingt-quatre heures entre chaque leçon est trop long pour que l'animal puisse bien se rappeler le lendemain ce qu'il a appris la veille.

En établissant l'ordre du travail tel qu'il se trouve dans le tableau annexé ci-après, il est bien entendu que je me base sur les dispositions des chevaux en général; un écuyer, doué de quelque tact, comprendra bien vite les modifications qu'il devra apporter dans la pratique, suivant la nature particulière de son élève. Tel cheval, par exemple, exigera plus ou moins de persistance dans les flexions; tel autre dans le reculer; avec le cheval froid et apathique, il faudra employer l'éperon avant le temps que j'ai indiqué. Tout ceci est affaire d'intelligence; ce serait offenser mes lecteurs que de les supposer incapables de suppléer aux détails qu'il est d'ailleurs impossible de préciser. On comprend facilement qu'il existe des chevaux irritables et mal conformés dont les dispositions défectueuses ont été accrues par l'influence d'une mauvaise éducation première. Avec de tels sujets, on devra nécessairement mettre plus de persistance dans le travail des assouplissements et du pas. Dans tous les cas, quelles que puissent être les modifications légères que nécessitent les différences dans les dispositions des sujets, je persiste à dire qu'il n'est pas de chevaux dont l'éducation ne puisse être faite, en un mois et demi, deux mois. Ce temps suffira toujours pour donner aux forces du cheval l'aptitude nécessaire à l'exécution de tous les mouvements; le fini de l'éducation dépendra ensuite de la justesse de tact du cavalier.

ÉDUCATION DU CHEVAL
GRADATION DU TRAVAIL.

Première Leçon à pied.

TRAVAIL DE LA CRAVACHE.

Flexion de la mâchoire: 1° avec les rênes de la bride et du bridon d'un seul côté, le bridon en avant; 2° avec les deux rênes de la bride et du bridon; 3° avec les rênes du filet croisées sous le menton.

Flexion d'encolure: 1° avec le mors; 2° avec le bridon; 3° avec la bride; 4° flexion directe avec le bridon et avec la bride.

Mobilisation de la croupe à l'aide de la cravache.

Reculer.

Monter à cheval et en descendre; répéter cet exercice jusqu'à ce que le cheval soit sage au montoir.

2 jours, 2 leçons par jour, de 3/4 d'heure.

—

Deuxième Leçon.

Répétition du travail précédent. Pas de côté avec la cravache.

LEÇON DU MONTOIR.

Flexion directe de la tête, ou ramener avec le filet d'abord, puis avec la bride, sans jambes, puis avec les jambes. Flexion de l'encolure avec le filet et avec la bride. Flexions latérales de la croupe. Reculer un pas d'abord. Marcher au pas sur des lignes droites, à main droite et à main gauche avec le filet.

3 jours, 2 leçons par jour, de 3/4 d'heure.

—

Troisième Leçon.

Répétition du travail précédent en restant moins de temps sur chaque exercice. Epaule en dedans, à pied avec la cravache.
En place: ramener avec l'aide des jambes. Au pas, mise en main. Changements de main. Doublers et demi-voltes ordinaires. Terminer les doublers et les changements de main par deux pas de côté.
Demi-pirouette renversée, en deux temps.

Au trot: ramener. Doubler et changer de main. Reculer plusieurs pas.

---

6 jours, 2 leçons par jour, de 3/4 d'heure.

Quatrième Leçon.

Répétition des exercices précédents.

Ramener en place avec l'appui de l'éperon rond ou effets d'ensemble.

Voltes et demi-voltes au pas et au trot. Serpentine. Contre-changements de main.

Terminer les changements de direction par 4, 5 et 6 pas de côté.

Commencement de pirouette ordinaire.

Descente de main et de jambes.

Travail individuel.

1/4 de flexion d'encolure en marchant.

6 jours, 2 leçons par jour, de 3/4 d'heure.

Cinquième Leçon.

Répétition du travail précédent.

Ramener complet sur les attaques[10].

Changement de main sur deux pistes.

Demi-voltes sur deux pistes.

Contre-changement de main sur deux pistes.

Changement de main renversé.

Pirouettes renversées et ordinaires entières.

Tête au mur, épaule en dedans, 5 ou 6 pas.

Commencement de piaffer ou rassembler, avec la cravache, ou la chambrière, à pied, puis à cheval.

Départs au galop à main droite et à main gauche, les deux derniers jours.

---

6 jours, 2 leçons par jour, de 3/4 d'heure.

Sixième Leçon.

Répétition des leçons précédentes en exigeant plus de précision et de régularité.

Pas de côté au trot, trois pas d'abord.

Reculer dans toute la longueur du manége.

Changement de direction au galop.

Galop à droite et à gauche à la même main, les deux derniers jours.

5 jours, 2 leçons par jour, de 3/4 d'heure.

Septième Leçon.

Répétition des précédents exercices.

Passer du trot au galop *et vice versâ*

Marcher au trot et arrêter.
Temps d'arrêt au galop.
Changement de pied.

---

8 jours, 2 leçons par jour, de 3/4 d'heure.

Huitième Leçon.

Pas de côté au trot et au galop.
Changement de pied à la même main.
Passer du galop ordinaire au galop allongé *et vice versâ.*
Galop allongé et arrêter. Pirouette ordinaire après l'arrêt et repartir au galop.
Saut du fossé et de la barrière.

6 jours, 2 leçons par jour, de 3/4 d'heure.

Pour la cavalerie.

Travail en reprise sur des indications.
Habituer les chevaux au sabre et aux bruits de guerre.
Travail avec le sabre.
Répéter les exercices, les chevaux chargés et paquetés.

7 jours, 2 leçons par jour, de 3/4 d'heure.

XXVII
MA MÉTHODE HORS DU MANÉGE.

Quelques amateurs qui n'ont pratiqué ma méthode que superficiellement, bien que satisfaits des résultats obtenus au manége, sont surpris de ne plus trouver la première fois au dehors la même légèreté et le même calme. Aussitôt ils s'écrient: «La méthode bonne pour le manége est inefficace quand le cheval est en plein air. Des résistances inattendues surgissent, l'animal a peur, il s'éloigne des objets qu'il rencontre, son action est plus considérable et sa gaieté devient inquiétante pour le cavalier.» De conséquence en conséquence, ils trouvent dans la méthode une lacune à l'abri de laquelle ils masquent leur peu d'habileté ou de sang-froid équestre.

Il est évident qu'au milieu de bruits et d'objets nouveaux, avec de l'espace devant eux, tous les chevaux, quel que soit d'ailleurs le fini de leur éducation de manége, seront surpris les premières fois qu'on les montera en plein air. Leurs sens, leur instinct, surexcités par des sensations inconnues, seront en outre soumis à l'action enivrante de l'air libre. Les résistances instinctives, manifestées au commencement de l'éducation, surgiront en partie de nouveau, effrayeront le cavalier pusillanime qui, dans le cheval qu'il croyait soumis, ne trouve plus qu'un animal fantasque et sans légèreté. «Méthode impuissante!» s'écrie-t-il.

Voyons donc si le reproche est fondé; le raisonnement l'aura bientôt réduit à sa juste valeur.

Disons d'abord que nous avons vu des chevaux, très-francs d'allure dans les rues et sur les routes, devenir très-inquiets en entrant dans un manége et perdre subitement la grâce et la facilité de leurs mouvements. A plus forte raison, un cheval, dressé entre les quatre murs d'un manége, doit-il être plus ou moins impressionné quand on le conduit, sans transition, au milieu de mille objets inconnus. Mais, qu'est-ce à dire?

Croyez-vous qu'il soit plus facile de porter un cheval sur un objet quelconque, de modérer sa frayeur ou sa fougue, quand il dispose librement de ses forces instinctives, que lorsque par une éducation bien dirigée le cavalier s'en est rendu maître?

Dominerez-vous plus facilement le cheval qui n'a jamais été dompté que celui que l'exercice a déjà rendu souple et obéissant au manége? Cette hypothèse est inadmissible.

L'influence de l'éducation peut bien faiblir dans ce premier moment, mais elle reprendra bien vite son empire et fera disparaître ces résistances d'un jour pour les remplacer désormais par la légèreté constante.

Car, excepté quelques rares chevaux qui nécessitent une attention continuelle de la part du cavalier pour réprimer leur impressionnabilité excessive, tous reviennent à leur degré d'éducation méthodique. Si quelques chevaux sortent de la règle générale, il faut reconnaître que, sans les effets de l'éducation, ils seraient demeurés tout à fait impossibles à monter.

On le voit donc, le cheval dressé ne demande qu'une attention soutenue du cavalier pour retrouver dehors son calme et sa soumission, tandis que, dans le cas contraire, il deviendrait non-seulement inutile, mais encore dangereux pour son maître. Rassurons donc les cavaliers timides, en leur certifiant qu'une éducation supplémentaire, mais très-courte, et fondée toujours sur les principes de la méthode, rendra au cheval monté soit dans les rues, soit dans les promenades, les qualités brillantes que l'on admirait au manége. A l'appui de mon assertion, je citerai pour exemple les chevaux d'artillerie qui, bien qu'impassibles au bruit du canon, s'effrayent de la crépitation du feu de l'infanterie et du bruit des tambours la première fois qu'ils les entendent, et reprennent leur calme au bout de quelques instants. Je crois avoir détruit les objections que l'on m'avait opposées: me sera-t-il permis de donner quelques conseils à tous les amateurs de chevaux?

Je signalerai à MM. les sportsmen, dont je respecte infiniment les goûts, le danger d'une tendance malheureusement générale. On ne demande au cheval que d'avoir du *sang*. Toutes les qualités chevalines se résument dans ce mot: Vitesse. Sous prétexte d'obtenir cet idéal du beau, le physique du cheval est tout à fait sacrifié. On veut l'amener à la rapidité de la vapeur. Mais on ne remarque pas que la vapeur réclame une machine solide, et que la machine elle-même veut des freins. A votre cheval vapeur, donnez donc une machine solide en le douant d'un corps robuste, donnez des freins à votre machine en instruisant votre monture.

Que les personnes qui se trouvent si souvent exposées aux dangers de l'emportement des chevaux attelés évitent ces malheurs journaliers, en dressant ou faisant dresser à la selle leurs chevaux avant de les soumettre inconsidérément au harnais de la voiture. Par cette éducation préalable, non-seulement les chevaux deviendraient plus faciles à conduire, mais ils auraient sous le harnais la position et les allures brillantes qui conviennent à des chevaux de luxe.

XXVIII
APPLICATION DE LA MÉTHODE AU TRAVAIL DES CHEVAUX.

PARTISAN, CAPITAINE, NEPTUNE, BURIDAN.

J'ai monté en public 26 chevaux, et si, dans le principe, quelques personnes, étonnées de ce travail nouveau pour elles, en attribuèrent le mérite, les unes à la musique, les autres à des procédés puérils et en dehors du domaine de l'équitation, elles revinrent bientôt de leur erreur, et reconnurent que l'artiste n'avait fait qu'appliquer les principes de la méthode.

Voici la nomenclature de ces mouvements nouveaux, avec quelques mots sur les moyens qui permettront aux cavaliers habiles de les exécuter.

1° *Flexion instantanée et maintien en l'air de l'une ou l'autre extrémité antérieure, tandis que les trois autres restent fixées sur le sol.*

Le moyen de faire lever au cheval une des jambes de devant est bien simple, dès que l'animal est équilibré: il suffit, pour faire lever, par exemple, la jambe droite, d'incliner légèrement la tête à droite, tout en faisant refluer le poids du corps sur la partie gauche. Les deux jambes du cavalier seront soutenues avec énergie (la gauche un peu plus que la droite), afin que l'effet de la main qui amène la tête à droite ne réagisse pas sur le poids, et que la force qui sert à fixer la partie surchargée donne à la jambe droite du cheval assez d'action pour la faire soulever de terre. En répétant quelquefois cet exercice, on arrivera à maintenir cette jambe en l'air aussi longtemps qu'on le voudra.

2° *Mobilité des hanches, le cheval s'appuyant sur les jambes de devant, pendant que celles de derrière se balancent alternativement l'une sur l'autre, la jambe postérieure qui est en l'air exécutant son mouvement de gauche à droite sans toucher la terre pour devenir point d'appui à son tour, afin que l'autre se soulève et exécute ensuite le même mouvement.*

La mobilité simple des hanches est un des exercices que j'ai indiqués pour l'éducation élémentaire du cheval. On complétera ce travail en multipliant le contact alternatif des jambes, jusqu'à ce qu'on arrive à porter facilement la croupe du cheval d'une jambe sur l'autre, de manière que le mouvement de droite à gauche et de gauche à droite ne puisse excéder un pas. Ce travail est propre à donner au cavalier une grande finesse de tact, et prépare le cheval à répondre aux plus légères pressions de jambes. Il est bien entendu que tous ces airs de manége ne seront réguliers qu'autant qu'ils seront accompagnés de la légèreté.

3° *Passage instantané du piaffer lent au piaffer précipité, et vice versâ.*

Après avoir amené un cheval à déployer une grande mobilité des quatre jambes, on doit en régler le mouvement. C'est par la pression lente et alternée de ses jambes que le cavalier obtiendra le piaffer lent; il l'accélérera en multipliant les pressions de jambes. On peut obtenir ces deux piaffers sur tous les chevaux.

4° *Reculer avec une élévation égale des jambes transversales qui s'éloignent et se posent en même temps sur le sol, le cheval exécutant le mouvement avec autant de franchise et de facilité que s'il avançait et sans concours apparent du cavalier.*

Le reculer n'est pas nouveau, mais il l'est certainement dans les conditions que je viens de poser. Ce n'est qu'à l'aide d'un équilibre exact que la répartition du poids est parfaitement régulière. Ce mouvement devient alors aussi facile et aussi gracieux qu'il est pénible et dépourvu d'élégance lorsqu'on le transforme en *acculement.*

5° *Mobilité simultanée et en place des deux jambes par la diagonale; le cheval, après avoir levé les deux jambes opposées, les porte en arrière pour les ramener ensuite à la place qu'elles occupaient, et recommencer le même mouvement avec l'autre diagonale.*

Lorsque le cheval ne présente plus aucune résistance, il apprécie les plus légères actions du cavalier, destinées dans ce cas à ne déplacer que le moins possible de poids et de forces pour arriver à mobiliser les deux extrémités opposées. En réitérant cet exercice, on le rendra en peu de temps familier au cheval. L'habileté du mécanisme favorisera le développement de l'intelligence.

6° *Trot à extension soutenue; le cheval, après avoir levé les jambes, les porte en avant en les soutenant un instant en l'air avant de les poser sur le sol.*

Les procédés qui font la base de ma méthode se reproduisent dans chaque mouvement simple, et à plus forte raison dans les mouvements les plus compliqués. Si l'équilibre ne s'obtient que par la légèreté, en revanche il n'est pas de légèreté sans équilibre; c'est par la réunion de ces deux conditions que le cheval acquerra la facilité d'étendre son trot jusqu'aux dernières limites possibles, et changera complétement son allure primitive.

7° *Trot serpentin, le cheval tournant à droite et à gauche pour revenir à peu près sur son point de départ, après avoir fait cinq ou six pas dans chaque direction.*

Ce mouvement ne présentera aucune difficulté, si l'on conserve le cheval dans la main en exécutant au pas et au trot des flexions d'encolure. On conçoit qu'un semblable travail est impossible sans cette condition.

8° *Arrêt sur place à l'aide des éperons, le cheval étant an galop.*

Lorsque le cheval, parfaitement assoupli, supportera convenablement les attaques et le rassembler, il sera disposé pour exécuter le temps d'arrêt dans les conditions ci-dessus. On débutera dans l'application par le petit galop, pour arriver successivement à la plus grande vitesse. Les jambes, précédant la main, ramèneront les extrémités postérieures du cheval sous le milieu du corps, puis un prompt effet de main, en les fixant dans cette position, arrêtera immédiatement l'élan. Par ce moyen, l'on ménage l'organisation du cheval, que l'on peut conserver ainsi toujours exempt de tares.

9° *Mobilité continue en place de l'une des extrémités antérieures, le cheval exécutant par la volonté du cavalier le mouvement par lequel il manifeste souvent de lui-même son impatience.*

On obtiendra ce mouvement par le même procédé qui sert à maintenir en l'air la jambe du cheval. A cet effet, les jambes du cavalier doivent exercer un appui continu pour que la force qui tient la jambe du cheval levée conserve bien son effet, tandis que, pour le mouvement dont il s'agit, il faut renouveler l'action par une multitude de petites pressions, afin de déterminer la mobilité de la jambe qui est tenue en l'air. Cette extrémité du cheval exécutera bientôt un mouvement subordonné à celui des jambes du cavalier, et si les temps sont bien saisis, il semblera, pour ainsi dire, qu'on fait mouvoir l'animal à l'aide d'un moyen mécanique.

10° *Reculer au passage en arrière, le cheval conservant la même cadence et les mêmes battues que dans le passage en avant.*

La condition première pour obtenir le passage en arrière est de maintenir le cheval dans une cadence parfaite et aussi rassemblé que possible; la seconde est toute dans l'habileté du cavalier. Celui-ci doit chercher insensiblement par des effets d'ensemble à faire primer les forces du devant sur celles de derrière, sans nuire à l'harmonie du mouvement. On le voit donc: par le rassembler, on obtiendra successivement le piaffer, le passage en arrière, même sans le secours des rênes.

11° *Reculer au galop, le temps étant le même que pour le galop ordinaire; mais les jambes antérieures, une fois élevées, au lieu de gagner du terrain, se portant en arrière, pour que l'arrière-main exécute le même mouvement rétrograde aussitôt que les extrémités antérieures se posent sur le sol.*

Le principe est le même que pour le travail précédent; avec un rassembler complet, les jambes de derrière se trouveront tellement rapprochées du centre, qu'en élevant l'avant-main, la détente des jarrets ne fonctionnera plus, pour ainsi dire, que de bas en haut. Ce travail, qu'on pourra faire exécuter à un cheval énergique, ne devra pas être exigé de celui qui ne posséderait point cette qualité.

12° *Changements de pied au temps, chaque temps de galop s'opérant sur une nouvelle jambe.*

On comprend que, pour pratiquer ce travail difficile, le cheval doit être habitué à exécuter parfaitement, et le plus fréquemment possible, les changements de pied du tact au tact. Avant d'essayer ces changements de pied à chaque temps, on doit l'avoir amené à exécuter ce mouvement aux deux temps. Tout dépend de son aptitude, et surtout de l'intelligence équestre du cavalier: avec cette dernière qualité, il n'est pas d'obstacle qu'on ne puisse surmonter. Pour exécuter ce travail avec toute la précision désirable, le cheval doit rester léger, droit d'épaules et de hanches, conserver son même degré d'action; de son côté, le cavalier évitera par-dessus tout les brusques renversements de l'avant-main.

13° *Pirouettes renversées sur trois jambes, celle de devant, du côté vers lequel on tourne, restant en l'air ou tendue pendant toute la durée du mouvement.*

Les pirouettes renversées doivent être familières à un cheval dressé d'après ma méthode, et j'ai indiqué plus haut le moyen de l'obliger à tenir élevée l'une de ses extrémités antérieures. Si l'on exécute bien séparément ces deux mouvements, il sera facile de les joindre en un seul travail. Après avoir disposé le cheval pour la pirouette, on équilibrera la masse de manière à enlever une jambe antérieure; celle-ci une fois en l'air, on surchargera la partie opposée au côté vers lequel on veut tourner, en appuyant sur cette partie avec la main et la jambe. La jambe du cavalier placée du côté qui converse ne fonctionnera pendant ce temps que pour porter les forces en avant, afin d'empêcher la main de produire un effet rétrograde.

14° *Reculer avec temps d'arrêt à chaque foulée, la jambe droite du cheval restant en avant immobile et tendue de toute la distance qu'a parcourue la jambe gauche*, et vice versâ.

Ce mouvement dépend de l'habileté du cavalier, puisqu'il résulte d'un effet de forces qu'il est impossible de préciser. Bien que ce travail soit peu gracieux, le cavalier expérimenté peut l'essayer, pour apprendre à modifier les effets de forces et acquérir toutes les nuances de son art.

15° *Piaffer régulier avec un temps d'arrêt immédiat sur trois jambes, la quatrième restant en l'air.*

Ici encore, comme pour les pirouettes renversées sur trois jambes, c'est en exerçant le piaffer et la flexion isolée d'une jambe qu'on arrivera à réunir les deux mouvements. On interrompra le piaffer en arrêtant la contraction des trois jambes pour la reporter exclusivement sur la quatrième. Il suffit donc, pour habituer le cheval à ce travail, de l'arrêter lorsqu'il piaffe, en le forçant à contracter une seule de ses jambes.

16° *Changement de pied au temps, à des intervalles égaux, le cheval restant en place ou n'avançant qu'insensiblement.*

Ce mouvement s'obtient par les mêmes procédés que ceux qui sont employés pour les changements de pieds au temps en avançant; seulement il est beaucoup plus compliqué, puisque l'on doit donner une impulsion justement assez forte pour déterminer le mouvement des jambes sans que le corps se porte en avant. Ce mouvement exige, par conséquent, beaucoup de tact de la part du cavalier, et ne saurait être pratiqué que sur un cheval parfaitement dressé, mais dressé comme je le comprends.

Des cavaliers ont obtenu l'apparente exécution de quelques-uns de ces airs de manége. Fiers de ces résultats, ils s'écriaient: Voilà du système Baucher!

Erreur! non-seulement l'exécution n'était pas complète, mais elle était due au hasard, ou tout au moins à des moyens étrangers à ma méthode. Ainsi, le cheval mal placé, était contracté; ses mouvements étaient heurtés, sans harmonie, sans grâce. Rien dans tout cela ne ressemble à mon système. Je ne demande jamais au cheval l'exécution d'un mouvement pour lequel je ne l'ai point placé, et je n'attends d'exécution facile qu'autant que l'équilibre est exact.

XXIX
EXPOSITION SUCCINCTE DE LA MÉTHODE PAR DEMANDES ET RÉPONSES.

DEMANDE. Qu'entendez-vous par force?

REPONSE. La puissance motrice qui résulte de la contraction musculaire.

D. Qu'entendez-vous par forces *instinctives*?

R. Celles qui viennent du cheval, et dont il détermine lui-même l'emploi.

D. Qu'entendez-vous par forces *transmises*?

R. Celles dont le cavalier coordonne l'emploi et qui sont appréciées immédiatement par le cheval.

D. Qu'entendez-vous par résistance?

R. La force que le cheval oppose et avec laquelle il cherche à établir une lutte à son avantage.

D. Doit-on s'attacher d'abord à annuler les forces que le cheval présente pour résister, avant d'exiger le mouvement?

R. Sans nul doute, puisque dans ce cas la force du cavalier qui doit déplacer le poids de la masse se trouvant annulée par une résistance équivalente, tout mouvement régulier devient impossible.

D. Par quels moyens peut-on combattre les résistances?

R. Par l'assouplissement partiel et méthodique de la mâchoire, de l'encolure, des reins et des hanches, et la juste répartition du poids.

D. Quelle est l'utilité des flexions de mâchoire?

R. Comme c'est sur la mâchoire inférieure que se reproduisent d'abord les effets de la main du cavalier, ceux-ci seront nuls ou incomplets si la mâchoire est serrée ou contractée. De plus, comme dans ce cas les déplacements du corps du cheval ne s'obtiennent qu'avec difficulté, les mouvements qui en résultent seront toujours pénibles.

D. Suffit-il que le cheval *mâche son frein* pour que la flexion de la mâchoire ne laisse plus rien à désirer?

R. Non, il faut encore que le cheval *lâche son frein*, c'est-à-dire qu'il écarte (à volonté) et moelleusement la mâchoire inférieure.

D. Tous les chevaux peuvent-ils avoir cette mobilité de mâchoire?

R. Tous sans exception, si l'on suit la gradation indiquée, et si le cavalier ne se laisse pas tromper par la flexion de l'encolure précédant celle de la mâchoire. Bien que cette flexion soit nécessaire, elle nuirait au jeu prompt et régulier de la mâchoire, si elle le précédait.

D. Dans la flexion directe de la *mâchoire*, doit-on tendre en même temps les rênes de la bride et celles du bridon?

R. Non, il faut se servir d'abord du filet jusqu'à ce que la mâchoire cède facilement; on emploiera ensuite le mors et on passera alternativement de l'un à l'autre.

D. Doit-on répéter souvent cet exercice?

R. Il faut le continuer jusqu'à ce que la mâchoire se mobilise au moyen d'une légère pression du mors ou du filet.

D. Pourquoi la contraction de la mâchoire est-elle un puissant obstacle à l'éducation du cheval?

R. Parce qu'elle absorbe à son profit la force que le cavalier cherche à transmettre pour en répartir les effets sur toute la masse.

D. Les hanches peuvent-elles s'assouplir isolément?

R. Oui, certainement, et cet exercice se trouve compris dans ce que l'on appelle mobilisation de la croupe.

D. Quelle est son utilité?

R. De prévenir les mauvais effets résultant des forces instinctives du cheval, et de lui faire apprécier, sans qu'il s'y oppose, l'action transmise par le cavalier.

D. Le cheval peut-il exécuter un mouvement régulier sans avoir un équilibre exact?

R. C'est impossible; il faut s'attacher à faire prendre au cheval une position qui opère dans son équilibre une variation telle que le mouvement en soit une conséquence naturelle.

D. Qu'entendez-vous par position?

R. La juste répartition du poids et des forces dans le sens des mouvements que l'on veut faire exécuter au cheval.

D. En quoi consiste le *ramener*?

R. Dans la position verticale de la tête, avec mobilité de la mâchoire.

D. Comment parle-t-on à l'intelligence du cheval?

R. Par la position, en ce sens que c'est elle qui fait connaître au cheval les intentions du cavalier.

D. Pourquoi faut-il, que dans les mouvements rétrogrades du cheval, les jambes du cavalier précèdent la main?

R. Parce qu'il faut déplacer les points d'appui avant de poser dessus la masse qu'ils doivent supporter.

D. Est-ce le cavalier qui détermine son cheval?

R. Non, le cavalier donne l'action et la position qui sont la demande, le cheval y répond par le changement d'allure ou de direction qu'avait projeté le cavalier.

D. Est-ce au cavalier ou au cheval que l'on doit imputer la faute d'une mauvaise exécution?

R. Au cavalier, et toujours au cavalier. Comme il dépend de lui d'équilibrer et de placer le cheval dans le sens du mouvement, et qu'avec ces deux conditions fidèlement remplies, tout devient régulier, c'est donc au cavalier que doit appartenir le mérite ou le blâme.

D. Quelle espèce de mors convient au cheval?

R. Le mors doux.

D. Pourquoi faut-il un mors doux pour tous les chevaux, quelle que soit leur résistance?

R. Parce que le mors dur a toujours pour effet de contraindre et de surprendre le cheval, tandis qu'il faut l'empêcher de faire mal et le mettre à même de bien faire. Or, on ne peut obtenir ces résultats qu'à l'aide d'un mors doux et surtout d'une main savante; car le mors, c'est la main, et une belle main, c'est tout le cavalier.

D. Résulte-t-il d'autres inconvénients de l'emploi des instruments de supplice appelés mors durs?

R. Certainement, car le cheval apprend bientôt à en éviter la pénible sujétion en forçant les jambes du cavalier: leur puissance ne peut jamais être égale à celle de ce frein barbare. Le cheval lutte victorieusement en cédant du corps et en résistant de l'encolure et de la mâchoire; ce qui est tout à fait contraire au but qu'on s'était proposé.

D. Comment se fait-il que presque tous les écuyers en renom aient inventé des mors auxquels ils attribuent des effets merveilleux?

R. Parce que, manquant de science personnelle, ils cherchent à remplacer leur insuffisance par l'emploi de moyens mécaniques.

D. Le cheval équilibré peut-il se défendre?

R. Non, car la juste répartition de poids que donne cette position produit une grande régularité dans les mouvements, et il faudrait intervertir cet ordre pour qu'il y eût acte de rébellion de la part du cheval.

D. Quelle est l'utilité du filet?

R. Le filet sert à combattre les résistances latérales de l'encolure, à faire précéder la tête dans tous les changements de direction quand le cheval n'est pas encore familiarisé avec les effets du mors; il prépare aussi l'élévation et le soutien de l'encolure.

D. Doit-on laisser le cheval longtemps aux mêmes allures pour développer ses moyens?

R. C'est inutile, puisque la régularité des mouvements résulte de la régularité des positions; le cheval qui fait cinquante temps de trot régulièrement est beaucoup plus avancé dans son éducation que s'il en faisait mille avec une position vicieuse. C'est donc à sa position qu'il faut s'attacher, c'est-à-dire à sa légèreté.

D. Dans quelles proportions doit-on user des forces du cheval?

R. Cela ne peut se définir, puisque les forces varient en raison des sujets; mais il faut en être avare et ne les dépenser qu'avec circonspection, surtout pendant le cours de l'éducation; il faut, pour ainsi dire, leur créer un réservoir pour que le cheval ne les absorbe pas inutilement; c'est alors que le cavalier en fera un usage utile et d'une longue durée.

D. A quelle distance l'éperon doit-il être rapproché des flancs du cheval avant l'attaque?

R. La molette ne doit jamais être éloignée de plus de 4 à 5 centimètres des flancs du cheval.

D. Comment doivent se pratiquer les attaques?

R. Elles doivent arriver aux flancs du cheval par un mouvement prompt, et s'en éloigner aussitôt. Mais, au préalable, on doit les pratiquer par appui progressif.

D. Est-il des circonstances où l'attaque doive se pratiquer sans l'intervention de la main?

R. Oui, lorsqu'elle doit avoir pour but de donner l'impulsion qui permet ensuite à la main de placer le cheval.

D. Sont-ce les attaques elles-mêmes qui châtient le cheval?

R. Non; le châtiment est dans la position que les attaques et la main font prendre au cheval, en mettant ses forces à la disposition du cavalier.

D. Quelle différence existe entre les attaques pratiquées d'après les anciens principes et celles que prescrit la nouvelle méthode?

R. Les anciens écuyers ne se servaient de l'éperon que comme châtiment; dans ce cas, les attaques, loin d'équilibrer le cheval, le faisaient toujours sortir de la main; la nouvelle méthode en fait usage pour l'équilibrer, c'est-à-dire pour lui donner cette position première qui est la mère de toutes les autres.

D. Quelles sont les fonctions des jambes pendant les attaques?

R. Les jambes doivent rester adhérentes aux flancs du cheval, et ne partager en rien les mouvements des talons.

D. Dans quel moment doit-on commencer les attaques?

R. Quand le cheval supporte paisiblement les appuis d'éperon sans sortir de la main.

D. Pourquoi un cheval équilibré supporte-t-il l'éperon sans s'émouvoir et même sans mouvements brusques?

R. Parce que la main savante du cavalier, ayant prévenu tous les déplacements de la tête, ne laisse jamais échapper les forces au dehors; elle les concentre en les fixant. La lutte égale des forces, ou, si l'on aime mieux, leur ensemble, explique suffisamment l'apparente froideur du cheval.

D. N'est-il pas à craindre que, par suite de ces attaques, le cheval ne devienne insensible aux jambes et ne perde l'activité qui lui convient pour les mouvements accélérés?

R. Quoique cette opinion soit celle des gens qui parlent de la méthode sans la connaître, il n'en est rien. Puisque tous ces moyens servent seulement à maintenir le cheval dans un juste équilibre, la promptitude des mouvements doit nécessairement en être le résultat, et, par suite, le cheval sera disposé à répondre au contact progressif des jambes, quand la main ne s'y opposera pas.

D. Comment reconnaître qu'une attaque est régulière?

R. Lorsque, bien loin de faire sortir le cheval de la main, elle l'y fait rentrer sans prendre sur la force propre au mouvement.

D. Comment la main doit-elle agir dans les moments de résistance du cheval?

R. Les effets de la main doivent être proportionnés à la résistance du cheval et surtout ne jamais la dépasser.

D. Dans quel cas doit-on se servir du caveçon, et quelle est son utilité?

R. On doit s'en servir dans le cas où la mauvaise construction du cheval le porterait à se défendre, bien qu'il ne lui soit demandé que des mouvements simples. Il est également utile d'employer le caveçon, avec les chevaux rétifs, attendu que son but est d'agir sur le moral, pendant que le cavalier agit sur le physique.

D. Comment doit-on se servir du caveçon?

R. Dans le principe, on doit tenir la longe du caveçon à 33 ou 40 centimètres de la tête du cheval, tendue et soutenue par un poignet énergique. Il faudra saisir tous les à-propos pour diminuer ou augmenter l'appui du caveçon sur le nez du cheval, afin de s'en servir comme d'un moyen d'aide. Tous les actes de méchanceté seront réprimés par de petites saccades qui ne doivent avoir lieu que dans le moment même de la défense. Dès que les mouvements du cavalier commenceront à être appréciés par le cheval, le caveçon deviendra inutile; au bout de quelques jours l'animal n'aura plus besoin que du mors, auquel il répondra sans hésitation.

D. Dans quel cas le cavalier est-il moins intelligent que son cheval?

R. Quand ce dernier l'assujettit à ses caprices et lui fait faire sa volonté.

D. Les défenses du cheval sont-elles physiques ou morales?

R. Les défenses sont d'abord physiques, elles deviennent morales par la suite; le cavalier doit donc se rendre compte des causes qui les font naître, et chercher, par un travail bien gradué, à obtenir la juste répartition du poids et des forces.

D. Le cheval bien équilibré naturellement peut-il se défendre?

R. Il serait aussi difficile à un sujet, réunissant tout ce qui constitue le bon cheval, de se livrer à ces mouvements désordonnés, qu'il est impossible à celui qui n'a pas reçu de semblables dons de la nature, d'avoir des mouvements réguliers, si l'art bien entendu ne lui a prêté son secours.

D. Qu'entendez-vous par *rassembler*?

R. Le rapprochement des jambes de derrière du centre, sans altérer la légèreté du cheval.

D. Peut-on bien rassembler le cheval qui ne se renferme pas sur les attaques?

R. Dans beaucoup de cas, les jambes seraient insuffisantes pour contre-balancer les effets de la main.

D. A quel moment doit-on commencer à rassembler le cheval?

R. Quand le cheval est léger.

D. A quoi sert le rassembler?

R. A obtenir sans difficulté tout ce qu'il y a de compliqué en équitation.

D. En quoi consiste le piaffer?

R. Dans la pose gracieuse du corps et la cadence harmonieuse des bipèdes diagonaux.

D. Existe-t-il plusieurs genres de piaffer?

R. Trois: le lent, le précipité et le dépité.

D. De ces trois, quel est le préférable?

R. Le piaffer lent, car c'est celui qui rehausse le plus le mérite du cavalier et la noblesse du cheval.

D. Doit-on faire piaffer le cheval qui ne supporterait pas le rassembler?

R. Non, car ce serait un *enjambement* sur la gradation logique qui seule donne des résultats certains. Aussi, le cheval qui n'a pas été conduit par cette filière de principes n'exécute qu'avec peine et sans grâce ce qu'il devrait accomplir avec enjouement et majesté.

D. Tous les cavaliers sont-ils appelés à vaincre toutes les difficultés et à saisir toutes les nuances du sentiment équestre?

R. Comme les résultats en équitation ont pour point de départ l'intelligence, tout est subordonné à cette disposition innée; mais tous les cavaliers seront aptes à dresser leurs chevaux, s'ils renferment l'éducation du cheval dans la mesure de leurs propres moyens.

NOUVEAUX MOYENS ÉQUESTRES

Équilibre parfait ou équilibre du premier genre[11].

Mains sans jambes.
Jambes sans mains.

TROIS NOUVEAUX EFFETS DE MAINS:

1° Pour obtenir la juste répartition du poids.

2° Pour rétablir l'harmonie des forces.

3° Pour donner les positions utiles aux changements de direction par la rêne opposée.

4° Départ au galop et changements de pieds (mains sans jambes, jambes sans mains).

De la force et du mouvement décomposés.

Progression du dressage.

NOUVEAUX MOYENS ÉQUESTRES

ÉQUILIBRE DU PREMIER GENRE.

L'ancienne équitation travaillait le mouvement par le mouvement, en donnant aux forces instinctives du cheval une direction plus ou moins juste; mais jamais elle ne parvenait à rendre léger un cheval d'une mauvaise conformation, parce qu'elle ne connaissait pas les moyens de changer son équilibre naturel.

J'avais compris que l'éducation du cheval était dans son équilibre, et toutes mes études ont eu pour but de trouver les moyens d'améliorer le mauvais équilibre naturel du cheval, convaincu que le cheval équilibré était presque dressé; cependant je n'étais arrivé qu'à obtenir l'équilibre du deuxième genre.

Par équilibre du premier genre, j'entends la légèreté parfaite et constante du cheval, dans toutes les positions, dans tous les mouvements, à toutes les allures; c'est cet équilibre dont je vais m'occuper.

Qu'il me soit permis de répondre d'abord à une objection que plus d'un lecteur pourra me faire.

Mais les vingt-six chevaux que vous avez montés en public, et dont le travail a été salué par les applaudissements de la foule, Capitaine, Partisan, Neptune et les autres, n'étaient donc pas dressés? Qu'entendez-vous alors par un cheval dressé? Je réponds: Oui, ils étaient dressés, puisque leur travail avait dépassé tout ce qui s'était fait jusqu'alors, et cependant leur équilibre n'était que du deuxième genre.

Avec cet équilibre, je modifiais les mauvaises conditions de leur construction plus ou moins défectueuse; j'obtenais, par moments, une légèreté très-grande, mais qui diminuait par suite d'un nouveau mouvement, d'un changement de direction.

Je détruisais promptement, il est vrai, cette résistance momentanée, et j'acquérais de suite une grande légèreté, en redonnant au cheval la position juste; mais il n'y avait pas moins eu perte de la légèreté, ce qui pouvait rendre par moments le mouvement moins gracieux et le travail moins exact; de plus, malgré les progrès continus de mes chevaux, je reconnaissais chaque jour un nouveau *desideratum*, tandis qu'aujourd'hui, une fois leur éducation terminée, je n'ai plus rien à désirer. Ce que j'obtiens maintenant sur les chevaux que je monte, en leur donnant cet équilibre parfait, me permet de dire que si je pouvais montrer de nouveau au public mes anciens chevaux, tous les amateurs reconnaîtraient la vérité de ce que j'avance.

Il faut donc arriver à ce degré de perfection de l'équilibre chez tous les chevaux, malgré leurs défauts de conformation, pour qu'ils conservent une légèreté parfaite, constante, dans tous les mouvements, changements de direction, et à toutes les allures. Tel est le résultat que j'ai obtenu et que je me hâte de faire connaître aux cavaliers intelligents de tous les pays. Les progrès rapides qu'ils verront faire à leurs élèves en suivant la progression, et en employant les nouveaux moyens que je vais indiquer, les jouissances ineffables qu'ils éprouveront à monter des chevaux constamment légers, voilà la récompense que j'ambitionne pour prix de mes recherches incessantes, consacrées au bonheur du cavalier et au bien-être du cheval!

J'ignore si c'est de l'orgueil: mais lorsque je sens mon cheval se plier à toutes mes volontés, et répondant *sans résistance aucune* à ma pensée, exécuter avec grâce et *une légèreté parfaite* tous les mouvements que je lui demande, je suis si heureux, que loin de me sentir atteint par les clameurs des envieux et l'ingratitude des plagiaires, je n'ai qu'un désir, celui de leur faire partager mon bonheur.

MAIN SANS JAMBES.—JAMBES SANS MAIN.

Je vais démontrer que l'emploi simultané des jambes et de la main ne permettra jamais de donner au cheval l'équilibre du premier genre, ou la légèreté constante. Puisque les résistances de la mâchoire proviennent toujours d'une mauvaise répartition du poids, comment le cavalier qui emploiera en même temps la force impulsive et modératrice, jambes et main, pourra-t-il sentir que ses jambes ne se sont pas opposées à la juste translation du poids opérée par la main, et réciproquement que celle-ci n'a pas détruit la justesse de l'impulsion communiquée par les jambes? En effet, ou la main a été juste, ou elle a produit trop ou trop peu d'effet. Dans le premier et le troisième cas, le concours des jambes a été plus ou moins nuisible. Dans le second cas seulement, les jambes auront corrigé la faute de la main, et leur aide aura été opportune.

Il en est de même pour les jambes dans le premier et le troisième cas mentionnés ci-dessus: l'opposition de la main sera nuisible, et ce n'est que dans le second cas seulement qu'elle sera utile en corrigeant la faute des jambes.

Que de malentendus entre le cheval et son cavalier; quel retard dans l'éducation de l'animal doit amener cette contradiction perpétuelle des jambes et de la main du cavalier qui est toujours disposé à attribuer au cheval les fautes que lui fait commettre l'emploi simultané de ses jambes et de sa main! En s'en servant séparément, il peut discerner de suite si la faute provient de son cheval ou de lui, et il sera forcé de reconnaître que neuf fois sur dix, c'est lui seul qui l'a commise.

Il est vrai qu'à la longue, après maintes erreurs corrigées par son tact, le cavalier pourra donner à son cheval l'équilibre du second genre, mais jamais celui du premier genre, cet équilibre parfait qui permet au cheval de conserver la mobilité moelleuse de la mâchoire dans tous les mouvements, à toutes les allures.

En n'employant qu'une force à la fois, soit celle des jambes pour impulsionner, soit celle de la main pour opérer les translations de poids utiles à tel ou tel mouvement, à telle ou telle allure, le cavalier peut apprécier à l'instant le degré de justesse avec lequel il a agi.

S'il commet une erreur, il peut la corriger de suite; il en connaît la cause, et le pauvre cheval n'étant plus ballotté par ces deux volontés opposées des jambes et de la main, s'identifie tellement avec la pensée de son maître, que bientôt ces deux intelligences n'en forment plus qu'une, le cheval conservant son équilibre parfait sans le secours des jambes et de la main du cavalier.

L'équilibre du second genre est suffisant pour les chevaux de l'armée, cependant MM. les capitaines instructeurs pourront employer plus ou moins ces nouveaux moyens pour accélérer l'instruction des hommes et l'éducation des chevaux.

TROIS NOUVEAUX EFFETS DE MAIN.

1° Pour combattre les résistances provenant du poids;

2° Pour combattre les résistances produites par la force;

3° Pour donner la position utile au changement de direction par la rêne opposée.

J'ai dit que l'emploi simultané des jambes et de la main ne pouvait donner que l'équilibre du deuxième genre, et jamais celui du premier genre, c'est-à-dire cette harmonie constante du poids et de la force qui se font opposition sans se contredire ni se heurter, cette légèreté parfaite chez le cheval; j'ajoute que l'application seule de ces nouveaux effets nous permettra d'atteindre ce but.

Si les jambes du cavalier impulsionnent le cheval, les fonctions de la main sont multiples. C'est elle qui place, dirige, en régularisant les translations du poids, c'est la main qui sonde les causes des résistances, pour discerner si elles proviennent du poids ou de la force.

Je vais indiquer trois nouveaux effets raisonnés de la main. Les deux premiers concourent à détruire les résistances qui constatent la perte de l'équilibre, et en signalent la cause; le troisième sert à faciliter les changements de direction, etc. Ces résistances peuvent provenir de la mauvaise répartition du poids ou du défaut d'harmonie de la force. L'effet de la main sera différent selon qu'elle devra combattre la résistance du poids ou de la force. Pour reconnaître la cause de cette résistance, le cavalier rapprochera graduellement et lentement la main. La résistance est-elle inerte, elle procède du poids mal réparti; dans ce cas, la main agira par un demi-arrêt[12], prompt et proportionné à l'intensité de la résistance. Si ce demi-arrêt ne suffit pas, il sera suivi d'un deuxième, d'un troisième, jusqu'à ce que cette résistance inerte ait disparu. Ces demi-arrêts, pratiqués avec une force de bas en haut, détruisent les résistances du poids sans acculer le cheval; si la résistance provient de la force, la main agira par *vibrations* réitérées, jusqu'à ce que la légèreté ait reparu. Ces vibrations annuleront les résistances locales sans détruire l'ensemble des forces; et si, à la suite de ces vibrations, la résistance persistait, ce qui indiquerait que le poids n'est pas encore justement réparti, il faudrait revenir aux demi-arrêts. Ces mêmes effets de main se répéteront avec plus d'importance encore dans les changements de direction.

Le cavalier se servira d'abord des rênes du filet séparées, et, plus tard, des rênes de bride également séparées. Mais dès que le cheval tournera facilement à droite et à gauche par l'effet de la rêne *directe*, le cavalier emploiera le nouvel effet (troisième effet de main). Je suppose d'abord que le cheval est parfaitement droit d'épaules et de hanches, *condition* indispensable: le cavalier veut tourner à droite, par exemple; il rapprochera lentement la main pour reconnaître si son cheval est léger, ou s'il résiste. S'il est léger, le cavalier portera à droite la main tenant les rênes du filet, qui seront remplacées plus tard par les rênes de bride, pour agir seulement par la *rêne gauche*, *rêne opposée*. Pour tourner à gauche, il portera la main à gauche, pour agir seulement par la *rêne droite*, *rêne opposée*. C'est la légèreté seule du cheval, harmonie du poids et de la force, qui lui permet d'apprécier l'effet de la rêne opposée, d'y céder et de tourner en inclinant légèrement la tête de ce côté. Si le cavalier sent une résistance, celle du poids, par exemple, il la détruira par un, deux ou trois demi-arrêts successifs. Cette résistance est-elle due au défaut d'harmonie des forces, il agira par vibrations. Ces demi-arrêts et ces vibrations seront pratiqués avec la *rêne directe*, *rêne droite*, s'il veut tourner à droite, et *rêne gauche*, s'il veut tourner à gauche; et dès qu'il sentira son cheval léger, il tournera à droite par l'effet de la *rêne opposée*, *rêne gauche*, et *vice versâ*. Comme on le voit, je me sers de la *rêne directe*, non pour tourner, mais seulement pour combattre les résistances, et c'est avec la *rêne opposée* que j'apprends au cheval à tourner. Le cavalier demandera seulement un huitième de conversion, s'arrêtera, combattra avec ces nouveaux effets de main (*rêne directe*) les résistances qui se seraient manifestées, et continuera avec la *rêne opposée*. Bientôt le cheval pourra tourner, sans sortir de son équilibre, c'est-à-dire, la tête portée du côté où il marche, la partie opposée de l'encolure demeurant convexe, et la mobilité moelleuse de la mâchoire lui permettant de céder avec la plus grande facilité à l'effet de la rêne opposée. On comprend le plaisir que le cavalier éprouve à suivre cette gradation, qui lui donne comme récompense l'équilibre parfait, en ne lui laissant plus rien à désirer. Il jouera avec les rênes flottantes qu'il fera onduler de gauche à droite ou de droite à gauche, et son cheval tournera dans toutes les directions, en conservant cette harmonie constante du poids et de la force, ce qui constitue l'équilibre du premier genre. Le cavalier doit comprendre maintenant l'importance de ces nouveaux moyens équestres, puisqu'il peut immédiatement apprécier la cause des résistances du cheval, et y remédier de suite. Il ne peut plus s'illusionner et imputer à l'animal les fautes qui lui sont personnelles. Nulle erreur n'est possible.

Que l'on compare un pareil cheval, gracieux, léger, prompt dans ses mouvements, avec ces pauvres chevaux que l'on fait tourner avec la rêne opposée, il est vrai, mais l'encolure roide, la tête mal placée, la mâchoire serré, etc., résultat infaillible de leur mauvais équilibre. Si cet inconvénient était le seul, on pourrait me dire: «Qu'importe la position des chevaux de la cavalerie, pourvu qu'ils tournent au commandement»? Je réponds: Prenez garde! ne voyez-vous pas que si ces chevaux étaient moins braqués, que si leur équilibre était moins mauvais, ils tourneraient plus facilement, c'est-à-dire *plus promptement*? Ce que je dis des changements de direction s'applique mieux encore au travail individuel, aux voltes, demi-tours, en un mot, à tout ce qui concerne l'équitation militaire.

Ces inconvénients sont si bien appréciés que beaucoup de cavaliers emploient la rêne directe pour tourner. Mais ils n'ont pas détruit les résistances qui proviennent du poids ou de la force; ils ont seulement donné une indication, et la résistance se continue.

Avec l'équilibre du premier genre, tous les chevaux tourneront facilement par l'effet de la rêne opposée, en conservant une bonne position de tête et une légèreté constante.

Avant de terminer cet article, je vais parler d'un certain maniement de rênes qui produit d'heureux et prompts résultats, inspire de la confiance au cheval, et confirme l'équilibre, la légèreté, l'harmonie, la régularité du mouvement.

Le cavalier retirera la gourmette, et fera produire à la bride, par une force de bas en haut, le même effet que le filet, sur la commissure des lèvres, avec un contact moindre sur les barres. (La gourmette sera replacée lorsque le cheval répondra facilement à l'effet de la bride.)

Puis, au pas, au trot, au galop, sans se presser, il déposera les rênes qu'il tenait, et saisira de la main les autres rênes. Les premières fois, le cheval accélérera peut-être l'allure, et le cavalier devra reprendre vivement les premières rênes, pour rappeler à l'ordre le cheval disposé à s'émanciper; mais bientôt le cheval s'habituera à cet abandon momentané, y puisera de la confiance, du bien-être, et conservera la régularité de l'allure et la légèreté, pendant que le cavalier, en jouant ainsi avec les rênes du filet et les rênes de la bride, acquiert du tact, de la délicatesse, et arrive à conduire son cheval avec un fil!

DE LA FORCE ET DU MOUVEMENT DÉCOMPOSÉS.

L'équilibre ou la légèreté étant le résultat de la juste répartition du poids et de la force, si celle-ci n'est pas maintenue dans la limite de l'effort à produire, l'équilibre ne sera que momentané, et dès les premiers pas que fait le cheval, la légèreté disparaît et la résistance se produit. Si le cavalier continue à marcher, il lui faut combattre les résistances qui résultent de cette mauvaise position et qui sont accrues par le mouvement. Chaque pas de plus que fait le cheval dans cette fausse position vient augmenter le désaccord qui s'oppose aux justes translation du poids, et le mouvement demeure irrégulier. Le cavalier voit fuir devant lui cette légèreté qu'il poursuit, et s'il finit par l'obtenir ce sera après un long et difficile travail; le plus souvent, il ne l'aura qu'en partie, et il s'habituera à cette résistance qui sera le grand obstacle à la perfection de l'éducation du cheval, telle que je la comprends. Pour moi le cheval dressé, *c'est le cheval équilibré*, celui qui présente cette harmonie du poids et de la force qui permet au cavalier de disposer de la force utile à tel ou tel mouvement, tout en conservant la légèreté parfaite du cheval. C'est cette harmonie que donne en peu de temps *le mouvement décomposé.*

Après avoir fait quelques pas à l'allure à laquelle il se trouve, si le cavalier rencontre une résistance, il s'arrête, donne aux fibres musculaires le temps de se relâcher et rétablit l'équilibre. Il restera en place plusieurs minutes, s'il le faut, jusqu'à ce que le cheval soit DÉCONTRACTÉ, c'est-à-dire, que le mouvement précédent NE RÉSONNE PLUS. Les fibres reçoivent de nouveaux courants électriques, et la nouvelle contraction pourra être plus harmonieuse, plus convenable. Ce nouveau principe, *le mouvement décomposé*, doit être appliqué à chaque partie de l'éducation du cheval, jusqu'à ce qu'il conserve sa légèreté constante et la régularité du mouvement, résultat infaillible de son parfait équilibre.

Que le mouvement soit lent ou accéléré, peu importe. Je demande seulement qu'il soit *régulier*, c'est-à-dire que le cheval ne diminue pas ou n'augmente pas son allure par des fluctuations incessantes, et qu'il parcoure des espaces égaux dans des temps égaux, en conservant cette régularité de l'allure qui est un signe certain de la justesse de l'équilibre.

Quoique certaines personnes, peu versées dans l'étude de mes principes, blâment la position élevée que je fais prendre à l'encolure et à la tête du cheval, je dis qu'il est indispensable de leur donner toute l'élévation dont elles sont susceptibles, en agissant avec les poignets de bas en haut. Il ne faut pas s'effrayer de la position horizontale que prend forcément la tête. C'est alors qu'il faut *décontracter* la mâchoire, dont la moelleuse mobilité permet au cheval de se ramener de lui-même. Ce moyen, indirect en apparence, est le seul qui donne la grâce et une légèreté constante à tous les mouvements du cheval.

QUELQUES MOTS SUR LE PRINCIPE: «MAIN SANS JAMBES, JAMBES SANS MAIN» POUR LE DÉPART AU GALOP ET LES CHANGEMENTS DE PIED.

Ce nouvel axiome était tellement en opposition avec ce que j'avais professé et pratiqué moi-même toute ma vie, que malgré les résultats merveilleux que j'en obtenais, je voulus avoir une preuve éclatante de sa justesse.

Avant donc de livrer cette édition à la publicité, je réunis cinq cavaliers habiles, sur la loyauté et la discrétion desquels je pouvais compter, et je leur fis expérimenter mes nouveaux moyens.

Le succès couronna mon attente. Je pus me convaincre que ma grande habitude de me servir de mes aides ne me faisait point croire cette dernière découverte plus féconde qu'elle ne l'était réellement. Chacun de ces messieurs me remit alors un mémoire sur l'application qu'ils en faisaient sous mes yeux, et je demandai à M. le baron Faverot de Kerbrec la permission de reproduire son travail, qui peut servir de complément et de développement à mes innovations.

Le voici:

«Il ne faut pas confondre dans l'œuvre équestre de M. Baucher les PRINCIPES, qui sont à jamais invariables, avec les MOYENS, qui sont perfectibles et par conséquent pouvaient varier.

«Au nombre des PRINCIPES qui forment la base immuable de la «méthode», on doit citer en première ligne l'obligation constante de rechercher ou de conserver chez le cheval monté l'ÉQUILIBRE, c'est-à-dire cet état physique provenant du dressage et dans lequel l'animal peut obéir instantanément à la volonté du cavalier, quelle qu'elle soit.

«L'*équilibre* que M. Baucher a appelé *du premier genre* existe quand les translations du poids sont également faciles dans tous les sens. On peut comparer cet état de l'animal à l'équilibre *indifférent* dans les corps inanimés. De même qu'une sphère posée sur un plan horizontal obéit à la plus petite impulsion, de même, dans le cheval monté qui possède l'équilibre du premier genre, le poids cède à la plus légère pression, de quelque côté qu'elle lui soit communiquée, et l'obéissance absolue aux aides en est la conséquence.

«Quant aux MOYENS enseignés par le maître, ils peuvent être divisés en deux groupes constituant chacun une «manière» distincte. Dans la première, M. Baucher agit sur les forces du cheval, c'est-à-dire sur les ressorts animés qui portent et font mouvoir la masse, le poids de la machine. Il arrive à faciliter le déplacement de ce poids, à *équilibrer*, en diminuant l'étendue de la base de sustentation, en rapprochant plus ou moins, selon le besoin, les extrémités inférieures du cheval.

On comprend qu'il faut alors souvent avoir recours à des moyens puissants pour forcer l'animal, surtout dans les commencements du dressage, à conserver cette disposition artificielle de ses membres. De là la nécessité de l'emploi fréquent de l'éperon.

Dans cette première manière, M. Baucher ayant constamment en vue d'agir sur les forces de l'animal, de s'en rendre le maître absolu, cherche dès le début à fixer à ces forces des barrières qui les enferment de tous les côtés et qu'elles ne puissent jamais franchir.

Une fois cette domination obtenue, le dressage est presque terminé. Il ne s'agit plus que de donner à ces mêmes forces la direction qu'il plaît au cavalier de leur imprimer à l'intérieur de cette sorte de *lacet de fer* formé par le mors et les éperons. Enfin, il suffit de resserrer ce lacet pour réduire l'animal à l'immobilité, puisqu'on ne permet alors la détente d'aucun des ressorts de la machine.

Plus tard, s'inspirant du cheval en liberté, qui, pour se mouvoir, commence par élever la tête et l'encolure afin d'alléger son avant-main, M. Baucher en est venu à sa seconde «manière».

Dans cette deuxième manière, pour arriver à la légèreté absolue,—qui indique l'équilibre du premier genre,—il s'attaque directement au poids du cheval et en reporte une partie de devant en arrière. C'est la main qui est chargée de ce soin. A elle donc de rendre le cheval «léger», équilibré. Aux jambes de donner l'impulsion nécessaire. Dès lors l'animal n'est plus exposé à hésiter entre deux actions contraires. L'effet qui pousse et celui qui retient sont toujours distincts, et il n'y a plus de confusion possible entre les aides.

La légèreté complète est obtenue quand l'action du mors ne rencontre jamais ni la résistance du poids, ni celle des forces.

Dans l'application de «ses nouveaux moyens», comme dans le dressage par les anciens, M. Baucher habitue par une progression savante le cheval à supporter sans désordre le contact de l'éperon. C'est seulement lorsque l'animal ne s'effraie plus de l'appui de cette aide et que cet effet provoque à volonté une détente en avant calme, mais *certaine*, le cheval restant léger à la main, que le cavalier commence à être maître de sa monture et que les «barrières» dont nous avons parlé peuvent devenir une réalité.

Dès les commencements du dressage, le cheval doit être habitué progressivement à se passer du secours des aides, une fois le mouvement demandé obtenu. Mais il faut que cet abandon n'altère en rien l'équilibre, c'est-à-dire que l'animal doit se soutenir de lui-même, continuer exactement son mouvement avec la même vitesse et la même cadence, et conserver toujours sa légèreté, ce dont le cavalier s'assure de temps en temps.

Essayons maintenant de faire comprendre le parti que peut tirer un cavalier habile des nouveaux moyens «main sans jambes, jambes sans main» pour le départ au galop et le changement de pied, par exemple.

Pour l'exécution de tout mouvement, il faut l'action et la position: l'action est le résultat de la force qui pousse; la position est la répartition normale du poids en raison du mouvement demandé. Si l'action et la position sont justes, le mouvement l'est également.

Ce qui précède étant admis, examinons le départ du pas au galop par la main et supposons que le cheval ait l'action convenable; s'il possède l'équilibre du premier genre, la main n'aura qu'à donner la position, et le mouvement suivra.

Si l'équilibre n'est pas parfait, des résistances de poids ou de forces se manifesteront. La main les rencontrera après avoir senti, comme toujours, la bouche de l'animal, et elle les fera cesser par des demi-arrêts ou des vibrations, selon le cas.

Dès que le cavalier sentira l'action diminuée, ou si au début elle n'est pas suffisante, ce sera, bien entendu, à ses jambes, employées sans opposition de main, à la rétablir. Alors viendra encore le tour de cette dernière aide pour donner seule la position.

Aussitôt le mouvement obtenu, il faudra dans tous les cas relâcher entièrement les rênes; c'est la seule manière de se rendre un compte exact de l'équilibre du cheval.

Quand le départ au galop ainsi demandé sera facile, on apprendra au cheval à s'enlever à cette allure par les aides inférieures seules.

Ici le rôle des jambes est assez difficile. Elles doivent donner la position sans augmenter l'action d'une façon appréciable. Dans le départ à droite, par exemple, la jambe gauche se glissera un peu en arrière par une pression lente et finement graduée; l'autre agira plus en avant par de petits coups de mollet délicatement répétés à de courts intervalles.

Si, à l'approche des mollets, le cheval part au trot, les jambes se relâcheront, et la main rétablira l'équilibre en luttant contre le poids ou les forces. Puis on recommencera à donner la position par les jambes seules, et on continuera ces exercices jusqu'à ce que les enlevers au galop s'obtiennent facilement. On les alternera alors avec les départs par la main.

On fera ensuite passer plusieurs fois le cheval du pas au trot. La main s'abaissera et les jambes agiront sans opposition par une pression simultanée, habilement graduée, et bien équivalente à droite et à gauche. Si le départ au trot est mauvais, il faudra arrêter, décontracter, et recommencer.

Passons maintenant au changement de pied par la main, et supposons que le cheval ait l'action nécessaire. Les jambes n'auront rien à faire. Elles pourraient en agissant provoquer des contractions, augmenter inutilement l'action déjà suffisante et amener du poids sur le devant. La main serait alors forcée de corriger les fautes des jambes, ce qu'il faut éviter le plus possible.

Si le cheval possède l'équilibre du premier genre, la main inversera la répartition du poids, et le changement de pied sera obtenu.

Si l'équilibre n'est pas parfait, la main rencontrera des résistances de poids ou de forces qu'elle vaincra par les moyens connus, mais en s'efforçant de ne pas prendre sur l'action pour ne pas obliger les jambes à la rétablir.

Enfin, si le cheval au changement de position se précipite en avant, on *décomposera* le mouvement, c'est-à-dire qu'on arrêtera et qu'on décontractera complétement avant de repartir.

Le calme et l'action rétablis, la main cherchera de nouveau à donner la position.

De même que pour le départ au galop sans jambes, la main abandonnera complétement les rênes aussitôt le mouvement obtenu. On verra ainsi exactement où en est l'équilibre. Il est inutile d'ajouter que, dès que ce dernier sera altéré, la main devra le rétablir.

On apprendra ensuite au cheval à changer de pied sans le secours de la main.

Le mors n'aura plus aucune action sur la bouche, et pour passer du pied gauche au pied droit, par exemple, la jambe gauche se glissera un peu plus en arrière que la droite pendant que celle-ci agira par de petits coups de mollet.

Il est impossible du reste de déterminer d'une manière absolue l'usage exact de l'une ou de l'autre. C'est au tact à suppléer à la théorie pour indiquer instantanément au cavalier comment il devra employer ses jambes suivant les mille cas particuliers qui pourront se présenter.

La difficulté consiste à inverser le poids sans augmenter l'action d'une manière sensible.

Si les premières fois l'allure augmente, les jambes cesseront d'agir, et la main rétablira l'équilibre avant qu'elles recommencent à demander seules le changement de position.

Puis quand le mouvement s'obtiendra facilement de cette façon, on le demandera alternativement par la main et par les jambes. . . . . Disons, avant de terminer, que les recommandations suivantes nous semblent devoir être faites dans l'emploi des «nouveaux moyens:»

1° Recherche et conservation constantes de la *légèreté* complète, le cheval toujours maintenu absolument *droit* tant que le mouvement ne s'y oppose pas.

2° *Dès le début* du dressage, «mettre le cheval à l'éperon» et ne quitter cette leçon que lorsque l'animal l'a parfaitement comprise.

3° *Dès* que l'encolure et la tête *se soutiennent* bien, chercher le *ramener complet* à toutes les allures.

4° Arriver à produire *facilement* par l'emploi *alterné* des aides inférieures et des aides supérieures, tous les degrés de *rassembler*, de concentration, dont on peut avoir besoin par le genre de service auquel est destiné le cheval en dressage.

Baron FAVEROT DE KERBRECH.

Les quatre autres mémoires traitaient le même sujet. Ne pouvant les rapporter tous et afin d'éviter les redites, je me borne à citer ici textuellement la partie didactique de celui de M. d'Estienne, qui, tout en exposant les nouveaux moyens, les a présentés sous des formes quelquefois un peu différentes qui contribuent encore à en faire comprendre la justesse.

TRAVAIL AU GALOP SUR LA LIGNE DROITE
D'APRÈS LES NOUVEAUX MOYENS.

«Les premières résistances du cheval vaincues, on l'embarque sur le pied droit, par exemple, avec la rêne ou la jambe droites: on emploie ce moyen le plus promptement possible.

Dès que les départs s'obtiennent de la sorte avec facilité, on se sert alternativement de la bride et du filet. Ces changements de rênes se font d'abord rapidement, ayant soin toutefois de reprendre les rênes sans à-coup, sans surprise pour le cheval. S'il vient à se contracter; s'il allonge son allure, il faut l'arrêter, le décontracter, et repartir. Quand on fait passer le cheval au pas, on cherche sa légèreté, soit par la flexion directe, soit par des demi-flexions à droite et à gauche.

On arrive ainsi à changer de rênes lentement, sans que le cheval ralentisse son allure, sans qu'il l'allonge.

On l'exerce également peu à peu à s'enlever, en diminuant l'effet des jambes, et en multipliant les changements de rênes.

Quand le cheval part facilement à la même main, sur les deux pieds, ce qui revient à dire qu'il déplace facilement le poids de droite à gauche, et de gauche à droite, on arrive tout naturellement aux changements de pied. Cependant il faut les commencer avec la rêne ou la jambe opposées. Ainsi, un cheval galopant sur le pied droit, pour changer de pied, il faut se servir de la rêne ou de la jambe droites, ayant bien soin d'arriver le plus vite possible au changement de pied avec la rêne ou la jambe gauches.

En résumé:

1° Départ avec rêne ou jambe opposées;

2° Départ avec rêne ou jambe directes;

3° Changement de pied avec rêne ou jambe opposées;

4° Changement de pied avec rêne ou jambe directes.

Ici s'arrête la première partie du dressage qui donne déjà l'équilibre du deuxième genre.

Quand le cheval est arrivé à ce degré d'instruction, on l'exerce à s'enlever au galop avec les mains, sans aucun emploi de jambes. A cet effet on lui marque autant de demi-arrêts qu'il est nécessaire. S'il se ralentit, ce qui indique que la main a pris sur le mouvement, il faut cesser l'effet des mains, porter le cheval en avant avec les jambes, et le remettre dans son aplomb au pas, avant de chercher à l'enlever de nouveau. On arrive ainsi très-rapidement à galoper sur le pied droit avec la rêne droite, sur le pied gauche avec la rêne gauche. Alterner les rênes très-fréquemment.

On passe ensuite aux changements de pied avec la main seulement. Avant de marquer le demi-arrêt au moyen duquel on l'obtient, il faut sentir la bouche. Si ce demi-arrêt ne suffit pas, il faut en marquer deux, trois, dix, coup sur coup, jusqu'à ce que le changement de pied ait eu lieu et rendre dès qu'il est exécuté. On comprend combien cette manière de faire est admirable pour arriver à une exécution parfaite. En effet, une fois l'impulsion donnée, quel peut être le rôle des jambes? Elles ne servent qu'à traverser le cheval, à porter davantage le poids en avant, surcroît de poids que la main doit détruire. Au contraire, en se servant de la main seule, on change la position, et le changement de pied se fait tout naturellement. S'il y a ralentissement dans le mouvement, se servir des jambes ou de l'éperon pour l'accélérer; puis revenir au demi-arrêt sans jambes pour le changement de pied. Il faut dans ce mouvement, comme dans le précédent, alterner l'emploi des rênes.

On exerce ensuite le cheval à partir au galop avec les jambes seulement: la main tient les rênes par leur extrémité. Le cheval bourre-t-il sur la main, prend-il le trot? le poids est en avant; il faut alors marquer un demi-arrêt, et recommencer le départ, après avoir décontracté le cheval.

Arrivé à ce degré d'instruction, on alterne les départs au galop avec les mains et avec les jambes. On multiplie les descentes de mains.

On fait de même après chaque changement de pied, ayant soin de reprendre les rênes immédiatement pour faire un nouveau changement de pied, et ainsi de suite.

Enfin, on passe aux changements de pied avec les jambes seules: on tient les rênes demi-flottantes.

Dans tous ces mouvements, les rênes sont d'autant plus flottantes que l'éducation du cheval est plus avancée; et l'on arrive ainsi à les exécuter, les rênes sur l'encolure, sans que le cheval augmente en rien son allure.

Donc, en résumé:

1° Départ au galop avec la main seule;

2° Changement de pied avec la main seule;

3° Départ au galop avec les jambes seules;

4° Départ au galop avec la main et les jambes alternativement: descentes de main;

5° Changement de pied, suivi d'une descente de main;

6° Changement de pied, avec les jambes seules.

C'est seulement alors, quand tous ces mouvements s'exécutent facilement, sans augmentation ni ralentissement d'allure, que l'on a un cheval dans un équilibre de premier genre.

Comment assez admirer ici toute la beauté de ces nouveaux principes, qui, joignant à leur simplicité la puissance de leur action, rendent le cheval souple, élégant, et assurent sa durée.»

D'ESTIENNE.

Paris, le 20 mars 1864.

PROGRESSION DU DRESSAGE.

Travail avec la cravache.

A PIED.

Faire venir le cheval à l'homme.

Faire reculer le cheval, l'encolure élevée, le cavalier tenant dans chaque main une rêne du filet, les bras élevés de toute leur extension. (Voir la planche n° 16.) Le cavalier commencera à combattre les résistances du poids et de la force, par les demi-temps d'arrêt successifs et les vibrations répetées. Cette position élevée de l'encolure, obtenue par une force de bas en haut, prévient l'acculement en reportant en arrière le poids dans la limite du mouvement rétrograde.

PLANCHE 16

On ne fera reculer le cheval qu'un pas, en le conservant aussi droit que possible d'épaules et de hanches. On comprend que la moindre déviation de la croupe serait un obstacle à cette juste translation du poids: aussi doit-on avoir le plus grand soin de ne recommencer un deuxième pas en arrière qu'après avoir replacé le cheval parfaitement droit, afin d'éviter les résistances qui l'empêchent de comprendre les intentions du cavalier. Ce travail du reculer fait pas à pas, chaque pas suivi d'un moment d'arrêt qui permet la cessation de toute contraction musculaire autre que celle qui sert à la station, sera alterné avec celui de deux pistes à droite et à gauche, avec les pirouettes renversées et ordinaires, en ayant soin de ne demander qu'un pas au cheval et de l'arrêter dès qu'il a achevé ce pas. L'essentiel, c'est que les parties qui doivent être *momentanément immobilisées, ne se mobilisent pas* (pirouettes), et que la translation du poids ait lieu selon les lois de l'équilibre et l'harmonie du mouvement. (Reculer et travail sur les hanches.)

On passera ensuite aux flexions, avec le filet d'abord et la bride ensuite, en insistant sur la flexion directe et demi-latérale de la mâchoire. Le cavalier se place, en face du cheval et lui élève la tête avec les deux rênes du filet séparées et tenues à douze centimètres des anneaux, pour faire céder (point essentiel) la mâchoire avant la tête. Cette même flexion se fera ensuite avec le mors, le cavalier tenant dans chaque main une branche du mors pour lever la tête du cheval et obtenir le même effet.

Le cheval qui a cédé à l'action plus directe du filet, pourra, les premières fois, résister à l'action du mors à cause de l'obstacle apporté par la gourmette; on reviendra au filet, pour reprendre de nouveau le mors, et dès que le cheval y répondra comme au filet, ce sera la preuve évidente qu'il a bien compris les intentions de son maître.

Remarque. La flexion directe et semi-latérale de la mâchoire, avec le soutien de l'encolure et l'élévation de la tête, a détruit les résistances que la mâchoire pourrait présenter dans n'importe quelle position. La flexion latérale de l'encolure détruit les résistances provenant de la contraction des muscles de l'encolure. Ce travail préparatoire durera quatre jours, pour rendre le cheval familier à l'homme, sage au montoir, et lui faire apprécier la domination de l'homme.

Les chevaux de troupe peuvent être exercés à ce travail à pied, pendant huit ou dix jours, au commencement de chaque leçon. Ce travail rend l'obéissance du cheval plus facile et établit des rapports d'intimité entre lui et son cavalier. L'instructeur, enchanté des progrès de sa monture, devient plus indulgent et traite son cheval avec plus de douceur.

A CHEVAL.

En place.

Avec les rênes du filet séparées, élever l'encolure et ne rendre qu'après cession de la mâchoire. Éviter l'acculement; s'il y a résistance, agir par demi-temps d'arrêts successifs et vibrations répétées. *Règles générales.* Dès les premières leçons, le cavalier se servira de ces nouveaux effets de main pour détruire toutes les résistances du poids ou de la force, toutes les fois qu'elles se présenteront.

Répéter les flexions latérales et semi-latérales de l'encolure, comme à pied. Dès que le cavalier a obtenu un commencement de soutien de l'encolure et de mobilité de la mâchoire, il mettra son cheval au pas et le travaillera à main droite et à main gauche (s'il est dans un manége) sur les lignes droites et circulaires, en recherchant la légèreté et en employant les nouveaux effets de main pour détruire toute résistance du poids ou de la force: éviter l'emploi simultané des jambes et de la main.

Il procédera à cheval comme il a agi à pied, c'est-à-dire, qu'il marchera un pas ou deux, et qu'il arrêtera en ne rendant de la main qu'après avoir obtenu la mobilité de la mâchoire: *descente de main, et repos pour le cheval.* Il reprendra les rênes, demandera de nouveau la légèreté et portera le cheval un pas ou deux en avant, pour l'arrêter et suivre la même gradation. Il alternera ce travail au pas, ainsi gradué, avec le reculer, les pirouettes, le travail sur les hanches. L'importance de décomposer chaque mouvement est tellement grande et produit des résultats tellement extraordinaires, que je ne crains pas de me répéter, et d'engager tous les cavaliers intelligents à suivre exactement cette gradation: 1° rechercher si le cheval est léger ou présente une résistance à la main; 2° la détruire de suite par les demi-temps d'arrêt et les vibrations, selon la nature des résistances, obtenir la mobilité de la mâchoire, et porter le cheval un pas ou deux en avant, en combattant de suite toute résistance par les nouveaux moyens; arrêter le cheval et ne lui rendre de la main que lorsqu'il est léger, le garder calme, immobile en place, pendant une demi-minute, et le reporter de nouveau au pas, après s'être assuré de la mobilité de la mâchoire.

De même pour le reculer, les pirouettes renversées et ordinaires, et le travail de deux pistes, ne demander qu'un pas, arrêter, redonner la position ou la légèreté, et laisser le cheval calme en repos quelques instants, pour continuer en suivant toujours la même gradation. Ces moments de repos, répétés avec cette scrupuleuse attention, produisent des résultats qui surprendront le cavalier. La contraction musculaire cesse d'être en jeu, le cheval éprouve du bien-être, réfléchit, et reprend son travail sans fatigue. De plus, par le calme de ce travail ainsi gradué, le cavalier grave dans l'intelligence du cheval l'idée de la supériorité morale de l'homme et assure ainsi sa domination sur sa monture, tout en lui rendant l'obéissance plus facile. Pour arrêter son cheval le cavalier se servira d'abord des effets d'ensemble (opposition graduée de jambes et de main); mais bientôt la main suffira pour arrêter le cheval droit d'épaules et de hanches.

Puisque l'action combinée des jambes et de la main *immobilise* le cheval, on comprend par cela même que lorsqu'il s'agit de *mouvement*, on ne doit pas employer les mêmes moyens.

Le cavalier mettra ensuite son cheval au trot, et l'arrêtera après quelques foulées, en suivant la même gradation qu'au pas; c'est-à-dire qu'il lui donnera la *position* ou la légèreté (mobilité de la mâchoire) avant de partir au trot; pendant ces quelques foulées, il combattra les moindres résistances en se servant des nouveaux effets de main, et en arrêtant son cheval, il lui demandera de nouveau la mobilité de la mâchoire, en le maintenant quelques instants calme et immobile. Il continuera pendant quelques minutes le travail au trot, sur les lignes droites et circulaires, en suivant la même gradation qu'au pas, c'est-à-dire, en faisant toujours succéder le repos au travail, dans une mesure plus ou moins égale.

Le cavalier essayera ensuite en place quelques apparences de mobilité des extrémités, pour préparer les premiers temps du rassembler, et il terminera la leçon par quelques départs au galop, sur les deux pieds, en *suivant toujours la même gradation* qu'au pas et au trot.

Le cavalier aura soin d'employer le maniement des rênes, tel que je l'ai indiqué au chapitre des nouveaux effets de main, c'est-à-dire, d'alterner le jeu des rênes du filet et des rênes de bride, pour habituer le cheval à conserver DE LUI-MÊME son équilibre et sa bonne position.

Ici se place une observation très-importante.

En se servant, au galop, de la rêne *directe*, rêne droite, si le cheval galope sur le pied droit, et rêne gauche, si le cheval galope sur le pied gauche, pour détruire les résistances, par demi-arrêts ou vibrations, le cavalier obtient de suite une grande légèreté, conserve son cheval droit, et rend les départs et par conséquent les changements de pied d'une très-grande facilité.

Tout ce travail doit se faire sans aucune fatigue pour le cheval, et dès le début les efforts du cavalier doivent tendre à obtenir l'équilibre parfait ou la légèreté constante: aussi devra-t-il demander au cheval la mobilité moelleuse de la mâchoire avant de le mettre en mouvement: il est sûr alors que la machine est prête à fonctionner. On comprend les progrès extrêmement rapides que cette gradation amènera dans l'éducation du cheval.

Le professeur initie dès les premiers pas son élève à toutes les difficultés de la route qu'il doit parcourir, en lui donnant les moyens de les vaincre, et en corrigeant immédiatement les moindres fautes que le cheval peut commettre par ignorance. Aussi, deux mois de cette éducation raisonnée ne se seront pas écoulés que le cavalier intelligent jouira d'un résultat qu'il n'aurait jamais pu obtenir, s'il n'avait pas donné à son cheval l'équilibre du premier genre ou cette légèreté parfaite et constante qui permet à l'animal d'exécuter avec la plus grande facilité tous les mouvements demandés, sans l'ombre d'une résistance, parce qu'il apprécie immédiatement les moindres effets de la main ou des jambes du cavalier. Le maître commande, et le serviteur obéit.

Quand un cheval, par l'application de tous les principes enseignés dans cette dernière édition, a été amené à l'équilibre du premier genre, toutes les résistances ayant disparu, les moyens doux doivent seuls être employés. La main agira par une force lente, délicate et finement graduée.

J'ai dit ce que je crois être la vérité équestre. Je pense être utile aux cavaliers intelligents et sérieux, en leur recommandant de suivre la progression que je viens d'indiquer. Je me permets de leur donner un conseil d'ami, et j'ose dire, d'un vieil ami, en leur disant: rejetez mes principes, s'ils ne vous conviennent pas; mais si vous y reconnaissez la vérité en équitation, acceptez-les en entier, ne les mutilez pas, et rappelez-vous que l'auteur qui a étudié pendant quarante ans, connaît assez l'œuvre de toute sa vie pour apprécier l'importance de toutes ses parties.

L'armée, comme je l'ai dit souvent, a toujours eu et aura toujours mes sympathies. Le rêve de toute ma vie a été de rendre ses cavaliers d'abord, ses écuyers ensuite, les meilleurs de l'Europe. Je ne crois pas que Dieu me permette d'en voir la réalisation; mais j'ai confiance. Je sais que la vérité fait son chemin lentement et qu'elle finit toujours par percer.

Pourquoi ne le dirais-je pas? C'est la consolation de mes vieux jours de voir bien des hauts personnages, des généraux éclairés rendre justice à mes principes. Chaque fois que le nom d'une célébrité équestre de l'armée arrive à mes oreilles, je consulte mes souvenirs, et c'est bien souvent, j'allais dire presque toujours, celui d'un de mes élèves ou du moins d'un partisan de ma méthode. Ce sont eux que je vois diriger l'enseignement de l'équitation dans les écoles du Gouvernement. Au moment où j'écris, j'apprends avec plaisir que le commandement du manège de Saumur vient d'être donné à M. le chef d'escadrons L'hotte[13], qui m'a fait, pendant douze ans, l'honneur de me demander mes conseils et dont la réputation comme écuyer ne peut craindre, avec raison, le rapprochement d'aucune autre.

CONCLUSION

Le goût de l'équitation se perd, tout le monde le reconnaît, et chacun donne son opinion. Les uns attribuent la décadence de l'art à l'engouement de la jeunesse pour les courses; ils voient dans le turf une succursale de la Bourse, et regrettent que le Gouvernement favorise cet entraînement, au lieu de laisser à l'industrie privée le soin de payer ses passe-temps. Ils disent que les parieurs sur les chevaux de courses n'ont pas le droit de réclamer des primes gouvernementales, plus que les parieurs sur le trois-six, le colza ou la betterave. Les autres pensent que l'enseignement routinier des manéges a fait son temps, et qu'à notre époque de vapeur, d'électricité, où tout se perfectionne, l'équitation doit suivre aussi la loi du progrès. Je partage cette manière de voir, et j'apporte comme témoignage les travaux de toute ma vie.

Qu'il me soit permis de rappeler les innovations que j'ai introduites dans la science et l'art de l'équitation:

Les exercices de kinésie pour donner en quelques semaines une tenue ferme, gracieuse, solide, à quiconque n'aurait jamais enfourché un cheval.

Les moyens d'assouplir la mâchoire, l'encolure, les reins, la croupe de tous les chevaux;

De les rendre tous légers à la main, aux trois allures.

De leur donner à tous un pas régulier;

Un trot uni, étendu ou cadencé;

Un reculer aussi facile que la marche en avant;

Un galop facile.

Changement de pied du tact au tact, aux deux temps, à chaque temps.

Le rassembler dans tous ses degrés.

Les trois genres de piaffer.

Le temps d'arrêt au galop, par l'éperon.

Faire venir le cheval à l'homme et le rendre sage au montoir.

La translation du poids par les forces instinctives.

1° Distinction entre les forces instinctives du cheval et les forces communiquées;

2° Explication de l'influence d'une mauvaise construction sur les résistances des chevaux;

3° Effet des mauvaises constructions sur la mâchoire, l'encolure et la croupe, principaux foyers de résistance;

4° Moyens de remédier à ces inconvénients, par les assouplissements des deux extrémités et de tout le corps du cheval;

5° Annulation des forces instinctives du cheval pour leur substituer les forces transmises par le cavalier, et donner de l'aisance et du brillant à l'animal le plus disgracieux;

6° Égalité de sensibilité de bouche chez tous les chevaux; adoption d'un genre de mors uniforme;

7° Moyens d'habituer tous les chevaux à supporter également l'éperon;

8° Tous les chevaux peuvent se ramener et acquérir la même légèreté;

9° Moyen d'établir chez un cheval mal constitué un équilibre aussi facile que celui des plus belles organisations;

10° Le cavalier donne la position, et le cheval exécute le mouvement;

11° Des causes qui font que des chevaux non tarés ont souvent des allures défectueuses: moyens d'y remédier en quelques leçons;

12° Changement de direction par de nouveaux effets de main et de jambes;

13° Distinction entre le reculer et l'acculement; de l'effet utile du premier dans l'éducation du cheval; des inconvénients du second.

14° Des attaques employées comme moyen d'éducation;

15° Tous les chevaux peuvent piaffer; moyens de rendre ce mouvement lent ou précipité;

16° Définition du vrai rassembler; moyens de l'obtenir; de son utilité pour la grâce et la régularité des mouvements compliqués;

17° Moyen d'amener tous les chevaux à projeter franchement au trot leurs jambes en avant;

18° Moyens raisonnés pour mettre le cheval au galop;

19° Temps d'arrêt au galop, les jambes ou l'éperon précédant la main;

20° Force graduée, basée sur les résistances du cheval, le cavalier ne devant céder qu'après les avoir *annulées*;

21° Éducation partielle du cheval, ou moyen d'exercer ses forces séparément;

22° Éducation complète des chevaux d'une conformation très-ordinaire en moins de trois mois;

23° Seize nouvelles figures de manége propres à donner le fini à l'éducation du cheval et à perfectionner le sentiment du cavalier[14];

24° Nouvel effet de chambrière;

25° Nouvel effet de main;

26° Nouvel effet de jambes;

27° Nouveaux effets de main et de jambes combinés;

28° Descentes de main;

29° Descentes de jambes;

30° Descentes de main et de jambes simultanées.

Il est bien entendu que tous les détails d'application qui se rattachent à ces innovations sont nouveaux comme elles et m'appartiennent également.

Mais on se tromperait grossièrement si l'on voulait chercher le but de ma méthode dans ces fioritures équestres, destinées principalement à récréer le public.

Ces fioritures servaient à reposer le cheval, en faisant succéder à des exercices de haute école, des mouvements légers, gracieux, très-faciles pour le cheval équilibré.

Ma méthode s'adresse aux vrais amateurs, aux officiers de cavalerie, aux écuyers, à tous ceux qui veulent tirer le meilleur parti des chevaux, quelle que soit leur conformation.

L'équilibre, c'est le but que l'on doit se proposer, et la légèreté est la récompense du travail.

NOUVEAU
TRAVAIL RAISONNÉ
AVEC LE CAVEÇON.

Encore un progrès nouveau que je dois à la pratique et que je me hâte de porter à la connaissance du public. D'un instrument employé jusqu'ici comme moyen de coercition, comme une espèce de collier de force, je suis parvenu à faire un instrument puissant d'éducation. Je veux parler du caveçon. Je m'en sers pour développer le sentiment équestre de l'élève.

A cet effet, je fais mettre le caveçon au cheval monté, et je fais suivre à l'élève toute la progression, en commençant par le travail en place, au pas, au trot, au galop et de deux pistes. Mon but est de faire SENTIR à l'élève les fautes qu'il a commises ou qu'il commet. Je m'explique. Je tiens la longe horizontalement, à 1 mètre de distance, et je dis à l'élève d'élever les poignets pour décontracter les muscles de l'encolure; je fais, en même temps, une opposition attractive. Deux causes peuvent faire revenir le cheval sur lui: les mauvaises contractions de l'encolure, ou un faux effet de main du cavalier. J'ai soin, par une traction horizontale, d'empêcher l'acculement du cheval, et je fais observer à l'élève qu'il aurait dû, dans le premier cas, agir par pression des jambes sans main; dans le deuxième, qu'il a eu trop de main.—J'ai prévenu l'effet de l'acculement, par la traction horizontale de la longe, j'ai donc empêché le cheval de percevoir la faute commise par le cavalier, auquel, cependant, j'ai pu la faire remarquer, sans inconvénient pour l'éducation du cheval.—De temps en temps, je laisse la faute produire ses conséquences inévitables, la perte de la légèreté, la modification de l'équilibre, en un mot, l'acculement. Je dis à l'élève de n'agir ni par les jambes ni par la main, et de se contenter de sentir ce qui va se passer *sous lui*. Je rétablis l'équilibre par une traction horizontale du caveçon, et je répare la faute commise par l'élève.

Les professeurs, les officiers de cavalerie, comprendront par ce qui précède de quelle importance peut être ce nouveau travail avec le caveçon, pour aider au progrès du cavalier et accélérer l'éducation du cheval.—Je dis ce qu'il faut faire, mais ce n'est que sous la direction d'un habile professeur élevé à mon école que l'élève pourra apprendre à se servir avec justesse du caveçon, comme je le comprends.—Je fais répéter le même travail en cercle (le professeur tiendra la longe à 2 ou 3 mètres de distance), au pas, au trot, au galop, en recommandant à l'élève de ne chercher qu'une seule chose, la légèreté. Or, nos lecteurs doivent savoir aujourd'hui que la légèreté suppose l'équilibre du poids préparé par l'harmonie des forces.—Et pour tout résumer en quelques mots, disons: «HARMONIE DES FORCES produite, à l'aide du caveçon, par la détente des muscles de l'encolure, ÉQUILIBRE DU POIDS, CONCENTRATION DE LA FORCE HARMONISÉE.» Là est toute l'équitation, et tout ce que l'on pourrait dire en plus ressemblerait à ces bois flottants dont parlait le fabuliste.

EXAMEN RÉTROSPECTIF

La vérité n'est pas sortie tout armée de mon cerveau, et il m'a fallu quarante ans de travail, de recherches et de méditations pour perfectionner la méthode telle qu'elle est aujourd'hui. J'avais, je l'ai déjà dit, étudié tous les auteurs qui ont écrit sur l'équitation, et j'avais retiré de mes lectures la conviction que la science équestre n'existait pas, qu'elle était à créer. Comme tout le monde, j'étais imbu des préjugés que l'ignorance traditionnelle avait fait accepter comme des vérités. Je croyais aux barres dures, à l'influence de leur épaisseur sur la sensibilité de la bouche du cheval, et je me livrai à une foule d'expériences pour découvrir un mors assez puissant pour combattre cette prétendue insensibilité des barres.

J'étais au Havre, et je revenais, un jour de la foire aux chevaux, avec un cheval que j'avais payé 300 francs. Mon examen rapide avait embrassé l'ensemble de l'animal; de retour au manége, j'examinai attentivement la bouche de mon cheval, et je reconnus avec tristesse que l'épaisseur des barres expliquait l'énorme résistance qu'il opposait à l'action du mors. Je lui appliquai tour à tour les freins les plus puissants, et la bouche demeurait insensible. Pouvait-il en être autrement eu égard à sa conformation?

Un jour, je me le rappelle, je montais Bienfaisant, que la douceur de son caractère m'avait fait nommer ainsi, et je venais de m'arrêter dans le manége. Je réfléchissais, et pendant que mon esprit travaillait, ma main était demeurée fixe. Tout à coup je sens Bienfaisant léger; Bienfaisant a rendu, Bienfaisant ne résiste plus! Que s'est-il donc passé? Comme il n'y a pas d'effet sans cause, je reconnus que la fixité de ma main avait déterminé la cession du cheval, et j'acquis ainsi la preuve que la bouche n'était pour rien dans les résistances, et qu'elles provenaient des contractions de l'encolure, car je n'avais pas modifié les conditions anatomiques des barres, je n'avais pas diminué leur épaisseur. Tel fut le début de la méthode. Bienfaisant m'avait appris qu'il n'y a pas de bouches dures, de barres insensibles.

J'expérimentai sur cent chevaux, et la pratique vint confirmer chaque fois la vérité de cette découverte. «Il n'y a pas de bouches dures, il y a des chevaux lourds à la main dans le principe, que l'on rend facilement légers.»

Qu'il me soit permis de relater une anecdote qui trouve ici sa place.

Vingt ans plus tard, après que la méthode eut été adoptée par S. A. R. le duc d'Orléans en présence de son frère le duc de Nemours, des membres du Comité de cavalerie, et d'un grand nombre de généraux, un de ces derniers, le général X..., me demanda d'examiner la bouche de son cheval, se plaignant de l'insensibilité des barres. Je regardai de suite les reins, la croupe, les jarrets de l'animal. «Pardon, me dit le général, c'est de la bouche du cheval que je parle.—Je comprends parfaitement, général.—Mais je ne vous comprends pas,» me répliqua-t-il. J'expliquai alors au général que la bouche était à tort accusée d'un défaut qui venait de la mauvaise conformation du cheval. C'était un homme intelligent, et il comprit.

Bienfaisant m'avait appris que la mauvaise position de la tête et de l'encolure était la cause des résistances de la mâchoire. Mais comment obtenir cette bonne position? Parmi tous ces mors quel était le meilleur? Dirai-je toutes les tentatives que je fis avec ces instruments de torture? Enfin, après nombre d'essais, après mille combinaisons, je me convainquis de cette nouvelle vérité que l'on pouvait, avec un mors doux, amener tous les chevaux à prendre une bonne position de tête, et j'adoptai le mors qui porte mon nom. Ce fut avec ce mors que je cherchai à donner à mes chevaux cette légèreté que je pressentais, et que le temps seul devait me permettre de rendre parfaite et constante.

Ces deux premières découvertes me mirent sur la trace d'une troisième non moins importante. Je me demandai s'il n'en était pas de la sensibilité des flancs du cheval comme de ses barres, et j'arrivai à la même conclusion. Je me servais alors d'éperons pointus à cinq pointes, et je calmais les chevaux les plus irritables, au moyen des attaques appliquées à propos. Je pus alors formuler cette troisième vérité: «La sensibilité des flancs du cheval n'est pas inhérente à cette partie, elle dépend de l'irritabilité générale, du système nerveux, de la mauvaise conformation du cheval.» J'ai dit que les mauvaises contractions des muscles de l'encolure faisaient sentir leur effet sur la bouche, mais il fallait arriver à les détruire, afin de discipliner, en les harmonisant, ces cordes si impressionnables. C'est ce qui me donna l'idée des flexions de l'encolure, que je fis à pied, à cheval, au pas et au trot. J'obtins des effets de légèreté, des mouvements plus faciles; mais que j'étais loin de cet équilibre, de cette légèreté que j'obtiens aujourd'hui, en quelques heures, sur n'importe quel cheval! Si j'obtenais avec l'éperon pointu, le ramener, le rassembler, le piaffer et tous ces airs nouveaux que je fis produire à tous mes chevaux, dont je montai une vingtaine, en public, je ne pouvais me dissimuler que le résultat n'était pas le même chez tous mes élèves dont beaucoup faisaient défendre leurs chevaux. Il fallait éviter cet inconvénient, et je recherchai si en traitant les flancs avec la même douceur que j'apportais dans mes rapports avec la bouche, je n'arriverais pas au même résultat. J'essayai les éperons à molettes rondes, que j'adoptai définitivement après en avoir constaté les excellents résultats. C'était un progrès nouveau. Je le complétai en introduisant le travail à pied. En apprenant au cheval à venir à l'homme au contact de la cravache, je donnais au cavalier le premier sentiment de sa domination, et j'établissais des rapports plus directs entre le maître et le serviteur. Plus tard, je complétai le travail à pied par les flexions de croupes, d'épaules, par le reculer.

Le progrès appelle le progrès. J'arrivai à substituer à mon mors un mors plus doux encore, à branches plus courtes, et dépourvu de gourmette, et comme ce nouveau mors permettait de nouveaux effets de main, je prescrivis l'action isolée des jambes et de la main. J'ai dit les raisons qui m'avaient fait introduire cette nouvelle formule. J'avais été témoin de tant de mécomptes essuyés par les cavaliers chez qui le mécanisme laissait à désirer, que je crus leur rendre un grand service en leur recommandant ma nouvelle formule: «Main sans jambes, jambes sans main.» En effet, à l'exception de mes élèves d'élite, presque tous se servaient de leurs jambes pour réparer les fautes de la main, et *vice versâ.* On comprend que l'action isolée de la main et des jambes devait prévenir cette contradiction dans les aides et accélérer l'éducation du cheval. Mais je voulais obtenir plus encore, et donner à la masse des cavaliers les moyens certains d'équilibrer facilement leurs chevaux. C'est à quoi je suis heureusement arrivé par l'emploi du bridon pour mors unique. Avec ce simple bridon j'obtiens, en quelques heures, des résultats plus satisfaisants, plus complets que je n'en ai jamais obtenu avec le mors de bride. Deux effets de main suffisent à détruire toutes les résistances de l'encolure, et à donner au cheval la belle position de la tête, qui rendra plus faciles les translations de poids utiles à tous les mouvements que le cavalier peut lui demander. Le premier effet a lieu par l'élévation des poignets, agissant par une force de bas en haut sur la commissure des lèvres, en donnant à l'encolure toute l'extension possible. Dès que le cheval cédera à l'action des rênes du bridon, dans cette position élevée, le cavalier abaissera les poignets, serrera énergiquement les doigts et attendra que la tête du cheval soit revenue dans la position verticale, en même temps que la mâchoire cédera moelleusement. Avec ces deux effets de main, employés seuls, ou simultanément avec le concours des jambes ou l'appui de l'éperon, le cavalier obtiendra de son cheval tout ce qu'un cavalier intelligent est en droit de lui demander, puisqu'il peut agir en haut, en bas, ou de côté, selon la force à combattre ou la position à donner à la tête du cheval.

La cavalerie reconnaîtra les nombreux avantages que le bridon lui offre pour le dressage de ses chevaux, et peut-être arrivera-t-elle plus tard à employer, comme je le fais aujourd'hui, le bridon pour l'unique frein, pour le plus convenable à tous les besoins du service. Après avoir recommandé tour à tour l'emploi de la jambe opposée ou de la jambe directe, je suis arrivé à reconnaître que dès que le LE CHEVAL EST DROIT, la jambe directe doit être toujours employée pour DISPOSER la croupe. De cette manière j'évite l'espèce d'arc-boutant que les hanches opposaient aux épaules, dans les changements de direction, pirouettes, travail de deux pistes, et par la disposition de la croupe, je détermine nécessairement la direction des épaules. Avec le cheval droit et la disposition de la croupe, j'enlève au cheval le moindre prétexte à la résistance, je rends tous les mouvements faciles, gracieux, avec la mobilité moelleuse de la mâchoire!

Je ne puis terminer cette revue rétrospective des progrès qu'a faits la méthode, sans me rappeler, avec un juste sentiment de satisfaction, que les meilleurs cavaliers de l'armée, que tous les officiers de cavalerie qui ont écrit sur l'équitation, tels que: le capitaine Raabe, le colonel Guérin, le capitaine Gerhardt, le lieutenant Wachter, sont mes élèves, et qu'en toutes circonstances ils ont eu le courage de leur opinion.

CAVALERIE

La méthode appartient surtout maintenant à la cavalerie; c'est à elle à la conserver, à la développer en l'appropriant à tous ses besoins. Dans le civil, à l'exception de quelques brillantes individualités, de quel résultat peut être la science équestre? Dans la cavalerie, au contraire, le cheval est votre outil, votre compagnon de gloire. Recherchez donc les moyens d'accroître votre domination sur le cheval, afin de parler plus facilement à son intelligence. N'oubliez pas que les cavaleries étrangères ont déjà profité de la méthode, et n'attendez pas que ces idées nouvelles vous arrivent plus tard du dehors, car votre patriotisme souffrirait de recevoir de l'étranger ce qu'un de vos compatriotes confie avec tant de bonheur à la cavalerie française!

Puissent mes dernières innovations rendre la tâche plus facile et contribuer aux progrès de notre belle cavalerie! C'est le vœu d'un citoyen, ami de son pays, dont toutes les études n'ont eu qu'un but, le progrès de l'équitation.

NOTES:

[1] On entend par *position* la disposition du poids et de la force du cheval par rapport à chaque mouvement qu'il doit exécuter.

[2] Ces préceptes s'adressent plus spécialement aux cavaliers militaires; mais, avec quelques légères modifications, faciles à saisir, ils peuvent également s'appliquer à l'équitation civile.

[3] Voir les principes pour l'éducation du cheval.

[4] Plusieurs pamphlétaires très-*érudits* et *profonds anatomistes* ont beaucoup discuté sur cette expression: *forces transmises*, n'ayant, disaient-ils agréablement, rien trouvé de semblable dans les chevaux qu'ils avaient écorchés à l'école d'Alfort. On reconnaîtra sans doute avec moi que cette bouffonnerie est fort concluante.

Pour parler sérieusement, je déclare qu'en employant l'expression *transmises*, je ne prétends pas créer des forces en principe, mais seulement en fait. Je parviens à diriger et à utiliser des forces qui, par suite de contractions et de résistances, demeuraient complétement inertes, et qui seraient conséquemment comme si elles n'étaient pas. N'est-ce point là une espèce de transmission?

[5] J'engage beaucoup les amateurs désireux de suivre mes préceptes dans tout ce qu'ils ont de naturel et de méthodique, à bien prendre garde d'y mêler des moyens pratiques qui y sont étrangers et contraires. Dans le nombre de ces grotesques inventions se trouve placé le jockey anglais ou l'homme de bois, auquel de graves auteurs ont attribué des propriétés que la saine équitation réprouve; en effet, la force permanente du bridon dans la bouche du cheval est une gêne et non pas un avis; elle lui apprend à revenir sur lui-même en s'acculant, pour en éviter la sujétion. A l'aide de cette force brutale, il connaîtra de bonne heure comment il peut se soustraire aux effets de main du cavalier.

C'est à cheval, et par de justes et progressives oppositions de main et de jambes, que l'on obtiendra des résultats prompts et infaillibles, résultats qui seront tous en faveur du mécanisme et de l'intelligence du cavalier. Si le cheval présentait quelques difficultés dangereuses, un second cavalier, à l'aide du caveçon, produirait une action suffisante sur le moral du cheval, pour donner le temps à celui qui le monte d'agir physiquement, afin de disposer la masse dans le sens du mouvement qu'on veut exiger. Mais, on le voit, il faut une intelligence pour parler intelligiblement au cheval, et non pas une machine fonctionnant brutalement.

[6] Voir, dans le *Dictionnaire raisonné d'Équitation*, les mots *Mors*, *Barres* et *Martingales*.

[7] Les vibrations de mains peuvent être employées dans toutes les flexions.

[8] Ce mot, qui, sous le point de vue technique, ne manque pas de cachet, appartient à un écuyer qui a parfaitement profité de quelques leçons que je lui ai données. M. Cinizelli, après avoir reçu les félicitations du roi de Sardaigne, fut, un jour, invité à visiter le manége royal. Il formula ainsi son opinion sur les travaux exécutés devant lui: «C'est très-bien, mais vos chevaux sont *muets*.» Ce mot, dans la bouche de l'écuyer, faisait tout simplement allusion à l'immobilité de la mâchoire des chevaux.

[9] J'ai habité Berlin pendant quelques mois; j'ai vu mettre en pratique l'équitation allemande dans toute son étendue. Je n'ai pas la prétention de m'ériger en critique; je dirai seulement que les principes professés en Prusse sont diamétralement opposés aux miens: ainsi, plusieurs officiers, qui jouissent dans leur pays d'une certaine réputation de cavaliers, me disaient: Nous voulons que nos chevaux soient en avant de la main; et moi, leur répondais-je, je veux qu'ils soient derrière la main et en avant des jambes; c'est à cette condition seulement que l'animal sera sous l'entière domination du cavalier; ses mouvements deviendront gracieux et réguliers; il passera facilement d'une allure accélérée à une allure lente, tout en conservant son équilibre; car, leur disais-je, tout cheval qui est en avant de la main est derrière les jambes, alors il vous échappe par tous les bouts, ce qui entraîne l'absence complète de grâce et de régularité dans les mouvements; de plus, si sa conformation est vicieuse, comment y remédierez-vous? En procédant à votre manière vous n'obtiendrez jamais l'équilibre ou la légèreté. Toutes les théories mises en pratique jusqu'à moi consistent à donner, avec plus ou moins de peines, une direction aux forces instinctives du cheval, mais non à les harmoniser avec le poids. Ces résultats ne peuvent être obtenus sans l'application de mes principes; c'est fâcheux pour les opposants, mais toute l'équitation est là.

[10] L'appui de l'éperon et les attaques comme moyen de concentration ne doivent se pratiquer qu'avec des molettes rondes ou peu piquantes; il serait dangereux de les employer dans le dressage du cheval de troupe. Le soldat ne doit se servir de l'éperon que pour porter son cheval en avant, lorsqu'il résiste à la pression des jambes.

[11] On peut distinguer trois sortes d'équilibres:

Équilibre du troisième genre:

Résistance constante dans toutes les positions, dans tous les mouvements.

Équilibre du deuxième genre:

Légèreté accidentelle sous l'influence de la position et du mouvement.

Équilibre du premier genre:

Légèreté invariable dans toutes les positions et dans tous les mouvements.

[12] Le mot demi-arrêt, dont je me sers pour exprimer l'action vive et énergique de la main qui a pour but de reporter en arrière le poids dont le devant est trop chargé, ne rend qu'imparfaitement l'idée qu'il doit représenter. Ce terme indique un ralentissement. Je l'ai conservé pour ne pas changer une expression consacrée par l'usage. Je l'emploie pour désigner uniquement un déplacement de poids, avec la condition expresse de ne prendre en rien sur l'action propre au mouvement. Si le demi-arrêt se donne de pied ferme, il ne doit, dans aucun cas, amener le reculer.

[13] Aujourd'hui colonel du 18e dragons.

[14] J'ai eu aussi le premier l'idée de faire exécuter, même par des dames, les grandes difficultés de l'équitation; le public en a été témoin. Tout le monde a pu admirer Mmes Caroline Loyau, Pauline Cuzent, Mathilde et Maria d'Embrun.